职业教育
计算机
系列教材

Python编程基础

蔡　茜　刘　莹　石慧霞◎主　编
周树语　龚　卫　冯开荣　李　雪◎副主编
胡方霞　高　鸿◎主　审

同济大学出版社
TONGJI UNIVERSITY PRESS
·上海·
Neusoft® 东软电子出版社
Beyond Technology™

内 容 提 要

本书为根据职业院校计算机技术人才培养需求编写而成的活页式教材，通过介绍 Python 在不同情况下的应用实例，提升读者的 Python 语言开发技能。本书内容主要包括学生成绩管理系统、投票系统、租车系统、图书信息采集系统与网站信息采集系统共五个程序的搭建，以及与项目对应的工作任务单，帮助读者巩固学习效果。本书从 Python 编程语言的特点开始，通过具体项目和任务，循序渐进，逐步介绍该语言的语法结构与编程思维，附有习题与参考答案，并有配套的课件、代码数据和软件资源，便于读者理解与应用。

本书可作为职业院校计算机类、大数据类与电子信息类专业的编程基础课教材，也可作为 Python 初学者的参考用书。

图书在版编目(CIP)数据

Python 编程基础 / 蔡茜，刘莹，石慧霞主编. —上海：同济大学出版社，2023. 4

ISBN 978-7-5765-0571-9

Ⅰ. ①P… Ⅱ. ①蔡… ②刘… ③石… Ⅲ. ①软件工具—程序设计—教材 Ⅳ. ①TP311. 561

中国版本图书馆 CIP 数据核字(2022)第 251316 号

Python 编程基础

蔡 茜 刘 莹 石慧霞 **主 编**

周树语 龚 卫 冯开荣 李 雪 **副主编**

胡方霞 高 鸿 **主 审**

责任编辑 任学敏

助理编辑 屈斯诗

责任校对 徐逢乔

封面设计 渲彩轩

出版发行 同济大学出版社 www. tongjipress. com. cn

(地址：上海市四平路 1239 号 邮编：200092 电话：021-65985622)

经　　销 全国各地新华书店

排　　版 南京文脉图文设计制作有限公司

印　　刷 常熟市大宏印刷有限公司

开　　本 787mm×1092mm 1/16

印　　张 13. 25

字　　数 331 000

版　　次 2023 年 4 月第 1 版

印　　次 2023 年 4 月第 1 次印刷

书　　号 ISBN 978-7-5765-0571-9

定　　价 58. 00 元

前言

本书系重庆工商职业学院——首批国家级职业教育教师教学创新团队联合四川华迪信息技术有限公司、大连东软教育科技集团有限公司、重庆瀚海睿智大数据科技公司和四川川大智胜股份有限公司编写的基于工作过程系统化的大数据专业“活页式”“工作手册式”系列教材之一。

配套 PPT 课件、代码数据及习题答案

依托数字工厂和省级“双师型”教师培养培训基地，由创新团队成员和企业工程师组成教材编写团队，目的是打造高素质“双师型”教师队伍，深化职业院校教师、教材、教法“三教”改革，探索产教融合、校企“双元”有效育人模式。本书以 5 个项目为驱动，基于软件开发工作过程，将每个项目按照工作过程分解为需求分析、系统设计、软件编码、软件测试、文档编写和程序交付 6 个典型工作环节，将知识点分解到典型工作环节中，项目内容迭代展开、难度循序递进，同时融入实际项目的设计理念，使读者在学习过程中不仅能提升编程技能，也逐渐形成真实项目开发思维。

- 受众定位

本书适用于想要初步了解和应用 Python 的学习者，也可作为应用型本科、高职高专大数据专业及电子信息类专业的编程基础课教材或实训指导教材，也可作为希望从事大数据行业的学习者的启蒙用教材。

- 基本概况

从 1991 年第一个 Python 编译器诞生以来，Python 语言已被逐渐广泛应用于大数据处理和 Web 编程。因其语法简洁、易于学习和阅读，且与众多应用领域紧密相关，已成为最受程序员欢迎的语言之一。本书采用“做中学”的方式来讲解 Python 编程，主要由 5 个项目组成，各项目主要内容如下。

项目 1：介绍 Python 语言特点、搭建 Python 环境的方法、创建 Python 项目工程的方法，并通过学生成绩管理系统的搭建过程，让读者了解 Python 的基本语法、流程控制结构、函数的应用、字典和列表的简单用法。完成本项目的学习任务后，读者可以开发一个相对简单的包含成绩维护、查询、排序、统计功能的学生成绩管理系统。

项目 2：掌握 Python 的基础语法后，本项目着重介绍常用的数据存储结构，包括列表（list）、元组（tuple）、字典（dict）的特点与使用方法。通过学习本项目内容，读者可以掌握各种数据结构的特点、使用方法和使用场景，能够根据使用场景选择合适的数据结构进行

Python 程序开发。完成本项目的学习任务后，读者可以开发一个具有添加、删除、修改候选人，能为候选人投票、计票的用于实际的投票系统。

项目 3：Python 是一种面向对象的程序设计语言，本项目重点介绍面向对象程序设计的相关知识，包括类和对象、封装、继承、多态、构造方法和析构方法。学习本项目内容，读者可以形成面向对象程序设计的思维，掌握面向对象编程的基本方法、学会使用 Python 如何操作 MySQL 数据库。完成本项目的学习任务后，读者可以开发一个基于面向对象思想的租车系统，能完成车辆信息的添加、查找、修改、删除，同时能将车辆信息从数据库进行存取。

项目 4：本项目主要介绍 Python 在网络爬虫中的应用，以爬取豆瓣网图书 Top250 信息采集系统为导向，着重介绍网络爬虫的基本原理、Requests 模块、Lxml 模块、CSV 模块的操作和使用。通过本项目的学习，学生能体验到爬虫项目开发的基本流程，掌握如何使用 Requests 模块、Lxml 模块进行数据采集和解析，以及如何使用 csv 模块进行数据存储。

项目 5：本项目主要介绍 Scrapy 爬虫框架的应用，以招聘网站信息采集系统为导向，着重介绍了 Scrapy 框架、MongoDB 数据库的安装和使用，尤其是 Scrapy 的整个数据处理流程和框架的使用方法。通过本项目的学习，学生可以体验使用 Scrapy 爬虫框架进行项目开发的基本流程，熟练掌握如何使用 Scrapy 框架进行数据采集和解析，并存储至 MongoDB 数据库。

学习编程语言不仅仅是掌握语法，更需要不断地上机实践，按照“读别人的程序、仿照写程序、不断改程序”的过程循环往复，逐渐掌握编程方法、提升编程技巧、形成编程思维、强化编程能力、积攒开发经验。同时，在学习过程中，要善于提问、交流和信息检索，在与同伴的讨论中常常会有意想不到的收获。

• 编写团队

本书主审由胡方霞（教授，重庆市优秀教师，省级教学名师，省级中青年骨干教师，国家级骨干专业带头人、国家级物联网与大数据协同创新中心负责人、省级教学团队负责人、省级教学成果奖主持人、省级精品资源共享课程负责人）、高鸿（辽宁省教科院副院长，辽宁省职业技术教育学会常务副会长，中国职业技术教育学会常务理事、学术委员，全国职业教育集团化办学专家组副组长，全国现代学徒制工作专家指导委员会委员）担任。3 名主编教师均是大数据专业骨干教师，平均教龄 9 年，具有丰富的教学经验、编写教材经验和指导学生竞赛经验，曾编写出版 10 余本教材，指导学生获得国家级及省级竞赛一等奖。企业技术骨干冯开荣和李雪均具有 10 余年工程经验，同时具有 3 年以上教学经验，为本书提供了大量案例。本教材的项目 1 由石慧霞（典型工作环节、项目总结和实战演练部分）、周树语（单项技能训练部分）编写，项目 2、项目 3 由蔡茜（典型工作环节、项目总结和实战演练部分）、周树语（单项技能训练部分）编写，项目 4、项目 5 由刘莹（典型工作环节和项目总结部分）、龚卫（单项技能训练和实战演练部分）编写。蔡茜负责整本书的规划、设计、统稿、校对工作。尽管编写团队老师在写作过程中查阅大量资料，力求做到准确无误，但书中可能仍存在错误，还望广大读者批评指正！

编　者

2023 年 2 月

目录

项目 1　学生成绩管理系统 …… 1
1.1　典型工作环节 1：需求分析 …… 1
1.2　典型工作环节 2：系统设计 …… 2
1.2.1　系统功能设计 …… 2
1.2.2　系统业务流程 …… 2
1.2.3　系统开发环境 …… 3
1.3　典型工作环节 3：软件编码 …… 3
1.3.1　搭建 Python 开发环境 …… 3
1.3.2　主函数设计 …… 18
1.3.3　学生成绩维护 …… 34
1.3.4　定义查询学生成绩函数——search( ) …… 39
1.3.5　定义学生成绩排序函数——sort( ) …… 40
1.3.6　定义学生成绩统计函数——statistics( ) …… 41
1.4　典型工作环节 4：软件测试 …… 43
1.5　典型工作环节 5：文档编写 …… 45
1.6　典型工作环节 6：程序交付 …… 49
1.7　项目总结 …… 51
1.8　单项技能训练 …… 52
1.9　实战演练 …… 54

项目 2　投票系统 …… 56
2.1　典型工作环节 1：需求分析 …… 56
2.2　典型工作环节 2：系统设计 …… 57
2.2.1　系统功能设计 …… 57
2.2.2　系统业务流程 …… 57
2.2.3　系统开发环境 …… 58
2.3　典型工作环节 3：软件编码 …… 58
2.3.1　主要函数设计 …… 58
2.3.2　自定义菜单函数 mainmenu( ) …… 59

2.3.3 自定义公布投票结果函数 describe(dic) …… 60
2.3.4 自定义添加候选人函数 add_candidates( ) …… 61
2.3.5 自定义投票功能函数 vote( ) …… 63
2.3.6 自定义统计投票信息函数 counter(vote_name) …… 65
2.3.7 自定义排序函数 sort_by_value(dic) …… 65
2.3.8 自定义投票功能模块 …… 67
2.3.9 使用 import 语句导入投票功能模块 …… 67
2.3.10 使用内置模块 datetime、time …… 68
2.4 典型工作环节 4: 软件测试 …… 70
2.5 典型工作环节 5: 文档编写 …… 72
2.6 典型工作环节 6: 程序交付 …… 72
2.7 项目总结 …… 74
2.8 单项技能训练 …… 75
2.9 实战演练 …… 77

项目 3 蚂蚁租车 …… 83
3.1 典型工作环节 1: 需求分析 …… 83
3.2 典型工作环节 2: 系统设计 …… 84
3.2.1 系统功能设计 …… 84
3.2.2 系统业务流程 …… 85
3.2.3 系统开发环境 …… 85
3.2.4 文件结构 …… 85
3.2.5 类的继承关系 …… 86
3.3 典型工作环节 3: 软件编码 …… 86
3.3.1 面向对象程序设计 …… 86
3.3.2 定义汽车类为基类 …… 87
3.3.3 定义派生类轿车类(Sedan) …… 92
3.3.4 定义派生类巴士类(Bus) …… 93
3.3.5 定义派生类货车类(Truck) …… 93
3.3.6 重写方法 Show_Msg …… 94
3.3.7 定义租车管理类(RentManage) …… 95
3.3.8 添加程序入口模块 main …… 103
3.3.9 从 MySQL 数据库获取车辆信息 …… 107
3.4 典型工作环节 4: 软件测试 …… 117
3.5 典型工作环节 5: 文档编写 …… 119
3.6 典型工作环节 6: 程序交付 …… 120

3.7 项目总结 …… 122
3.8 单项技能训练 …… 122
3.9 实战演练 …… 126

项目4 豆瓣网图书 Top250 信息采集系统 …… 127
4.1 典型工作环节1：需求分析 …… 127
4.2 典型工作环节2：系统设计 …… 128
4.2.1 系统功能设计 …… 128
4.2.2 系统业务流程 …… 128
4.2.3 系统开发环境 …… 128
4.3 典型工作环节3：软件编码 …… 129
4.3.1 爬虫基本原理 …… 129
4.3.2 安装第三方模块 …… 130
4.3.3 获取数据 …… 130
4.3.4 数据解析 …… 132
4.3.5 数据存储 …… 139
4.4 典型工作环节4：软件测试 …… 141
4.4.1 测试 getBookData( )模块 …… 141
4.4.2 测试 parseBookData( )模块 …… 141
4.4.3 测试 SaveCsv( )模块 …… 142
4.5 典型工作环节5：文档编写 …… 143
4.6 典型工作环节6：程序交付 …… 144
4.7 项目总结 …… 145
4.8 单项技能训练 …… 145
4.9 实战演练 …… 147

项目5 招聘网站信息采集系统 …… 148
5.1 典型工作环节1：需求分析 …… 148
5.2 典型工作环节2：系统设计 …… 149
5.2.1 系统功能设计 …… 149
5.2.2 系统业务流程 …… 149
5.2.3 系统开发环境 …… 149
5.3 典型工作环节3：软件编码 …… 150
5.3.1 安装 Scrapy …… 150
5.3.2 安装 MongoDB …… 151
5.3.3 MongoDB 操作 …… 156

5.3.4 使用 Scrapy 框架爬取招聘网站信息 …… 158
5.4 典型工作环节 4：软件测试 …… 162
5.5 典型工作环节 5：文档编写 …… 163
5.6 典型工作环节 6：程序交付 …… 164
5.7 项目总结 …… 165
5.8 单项技能训练 …… 165
5.9 实战演练 …… 167

工作任务单 1 …… 168
工作任务单 2 …… 175
工作任务单 3 …… 182
工作任务单 4 …… 189
工作任务单 5 …… 196

参考文献 …… 203

项目 1 学生成绩管理系统

项目概述

在大数据时代，手工记录、分析学生成绩的方式早已不适用，需要更加方便快捷的方式统计、分析学生的学习成绩数据，以便进一步促进教学改革。

在项目 1 中使用 Python 语言开发一个学生成绩管理系统，该系统能帮助教师快速录入、查找、修改学生的成绩；除此之外，通过排序、按分数段统计人数功能让教师对课程的考核结果进行宏观评价，促进教学计划调整，提升教学质量。

学习目标

（1）掌握 Python 运行环境的搭建；

（2）掌握 Python 语法基础；

（3）掌握 if 和 for 流程控制语句的使用；

（4）掌握无参函数的用法、字典和列表的应用；

（5）体验项目开发的基本流程，项目开发的一般规则，对系统基本功能增、删、改、查的实现形成解决思路。

1.1　典型工作环节 1：需求分析

为满足教师对数据录入、分析的需求，学生成绩管理系统应具有以下功能：

（1）录入学生成绩。

（2）修改和删除学生成绩。

（3）查询学生成绩。
（4）对学生成绩进行排序。
（5）统计各分段成绩人数。

1.2 典型工作环节 2：系统设计

1.2.1 系统功能设计

学生成绩管理系统分为 4 大功能模块：信息维护、查询、排序和统计，如图 1.1 所示。

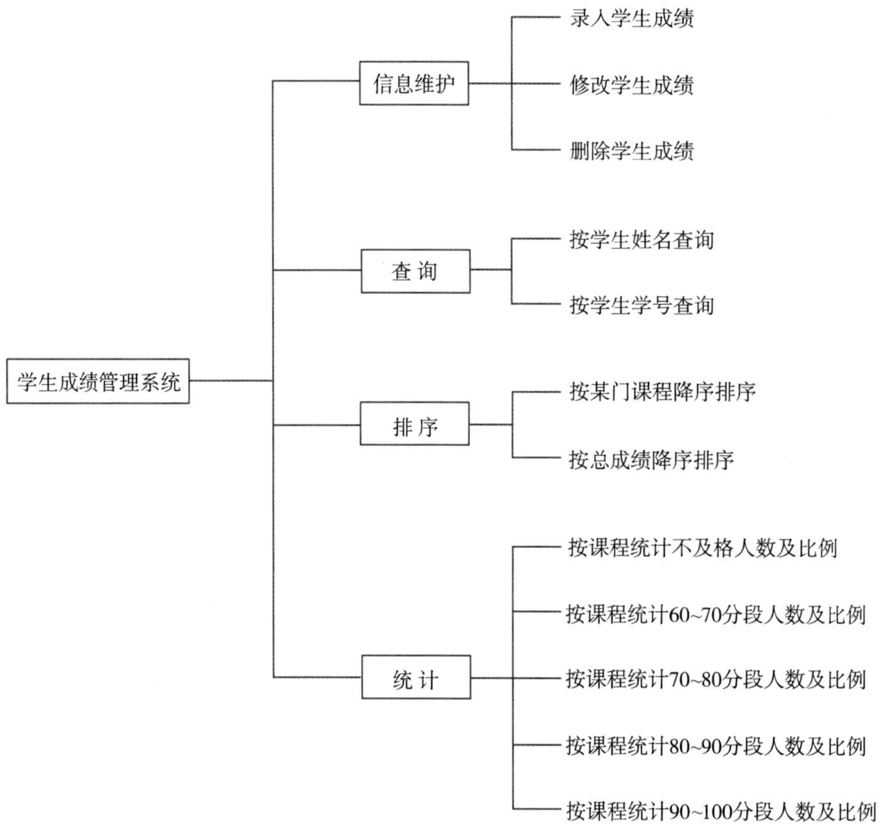

图 1.1 系统功能结构

1.2.2 系统业务流程

在开发系统之前，应该先了解系统的业务流程，以方便定制开发计划。根据对学生成绩管理系统的需求分析及功能分析,设计如图 1.2 所示的系统业务流程。

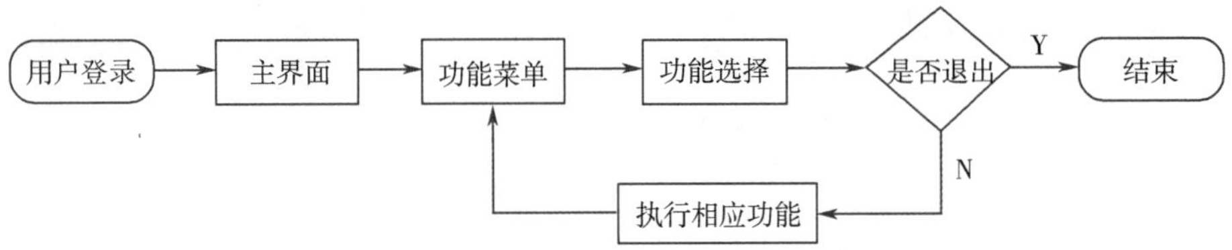

图 1.2　系统业务流程

1.2.3　系统开发环境

本系统开发及运行环境如下。

(1) 操作系统:Windows7 或以上。

(2) Python 版本:Python3.7。

(3) 开发工具:PyCharm。

1.3　典型工作环节 3:软件编码

1.3.1　搭建 Python 开发环境

Python 是一种清晰而强大的面向对象编程语言,可与 Perl、Ruby、Scheme 或 Java 相媲美。Python 是一门解释性语言,在运行时需要依赖 Python 解释器。在 Python 官网下载 Python 解释器进行安装。Python 支持跨平台,因此在 Windows、Linux 上均可以运行。同时 Python 也有多个发行版,如 Anaconda。支持 Python 开发的工具也有很多,如 Sublime、Notepad++、PyCharm 等。

PyCharm 是 JetBrains 公司开发的 Python 集成开发环境,PyCharm 不仅包含一般 IDE 的功能,比如单元调试、堆栈查看、即时计算、语法高亮、项目管理、代码格式化、智能提示、版本管理等,还提供了支持友好的 Django、Flask、Google App Engine、Angular、React、Docker 等。"平台"开发工作的顺利开展需要一个良好的运行环境,因此本节主要工作是完成 Python 运行环境的搭建:基于 Windows 安装 Python 解释器,同时安装开发工具 PyCharm。

1.3.1.1　在 Windows 平台上的安装与配置

从官网下载 Python 如下,3.7 是主要版本号,.3 是分支版本号,amd64.exe 表示 Windows64 位系统。

```
python-3.7.3-amd64.exe
```

步骤 1：双击软件名，打开安装界面，如图 1.3 所示。

图 1.3　安装 Python

步骤 2：选择自定义，保持默认安装，如图 1.4 所示。

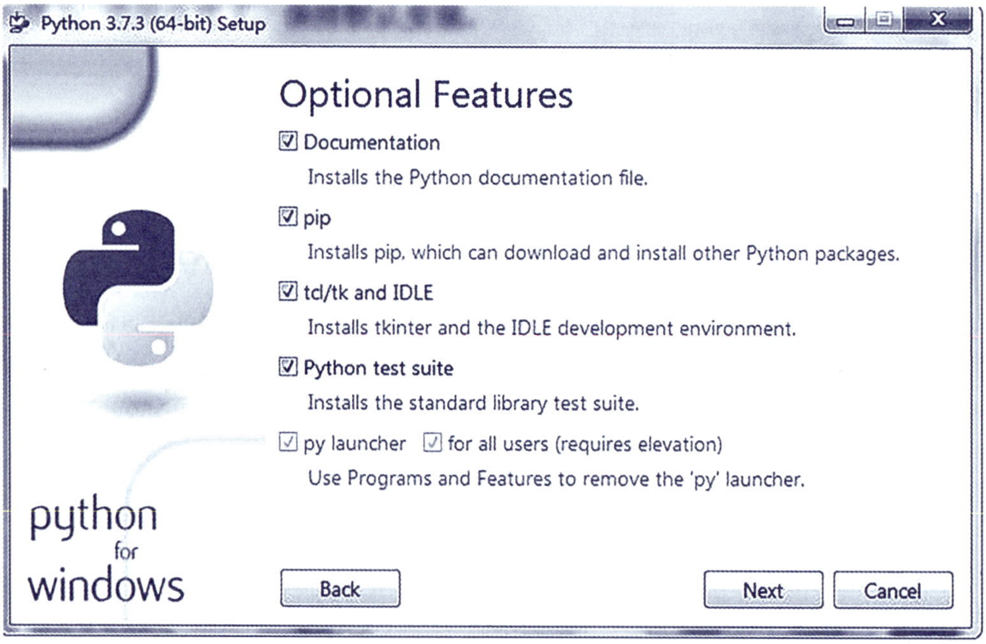

图 1.4　自定义安装

步骤 3：指定 Python 安装位置，如图 1.5 所示。

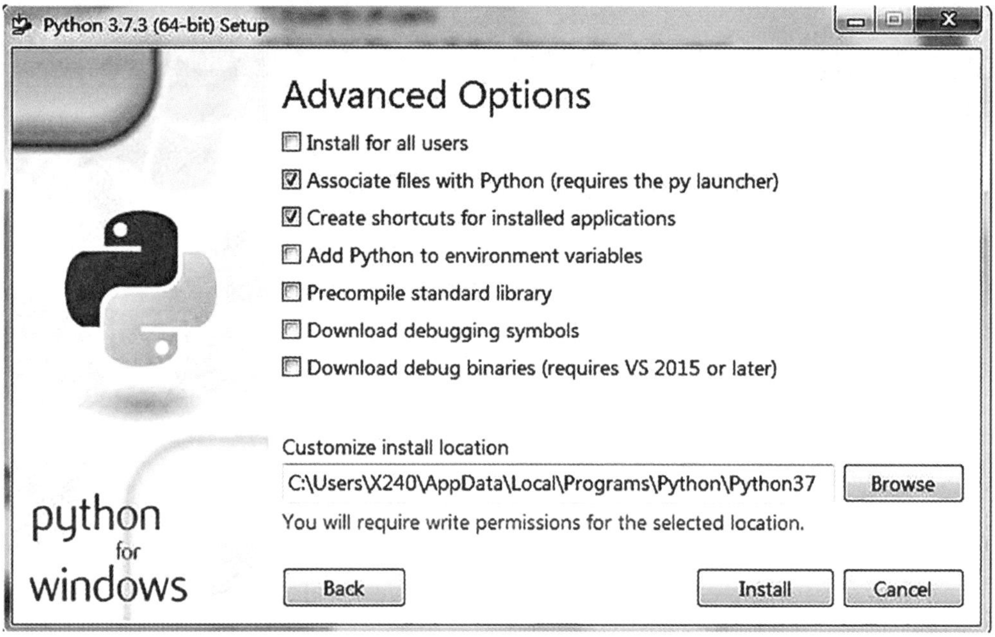

图 1.5　设置安装路径

步骤 4：等待安装完毕，如图 1.6 所示。

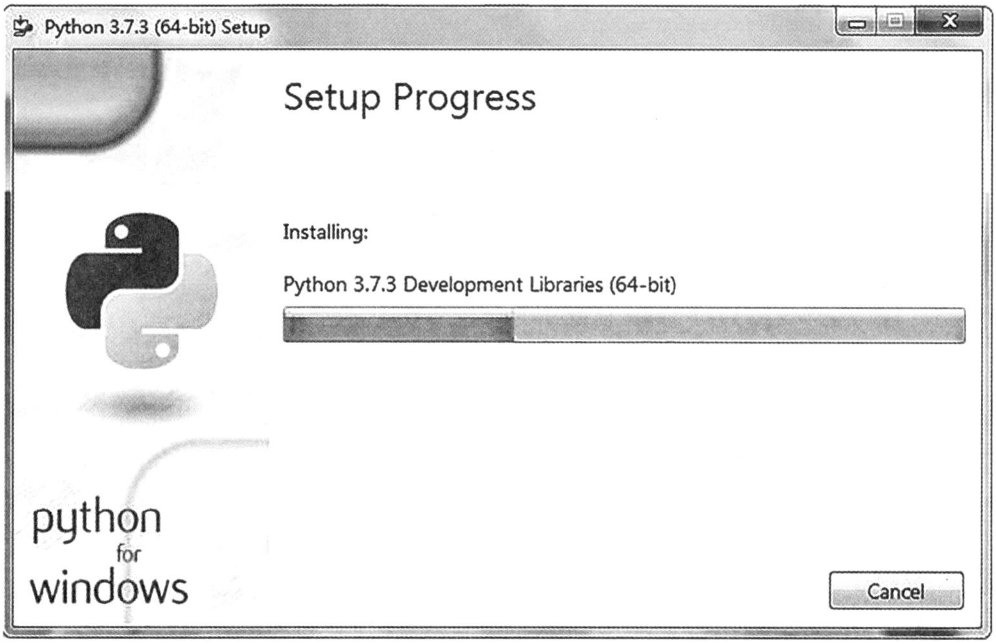

图 1.6　等待安装

步骤 5:配置环境变量,右击“计算机”,点击“属性”,选择“高级系统设置”,如图 1.7 所示。

图 1.7 打开环境变量

步骤 6:选择“环境变量”,如图 1.8 所示。

步骤 7:在变量值路径中添加 Python 安装路径,如图 1.9 所示。

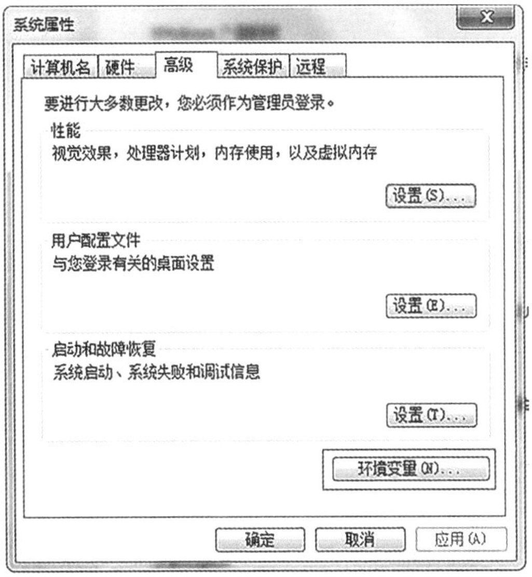

图 1.8 环境变量

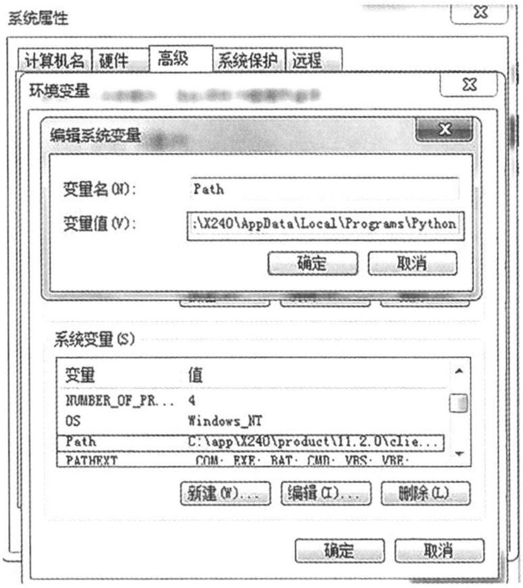

图 1.9 选择 Path

步骤 8:在开始菜单打开 Python3.7 Shell 程序,如图 1.10 所示。

步骤 9:在 Shell 窗口后输入内容。

```
print("hello world")
```

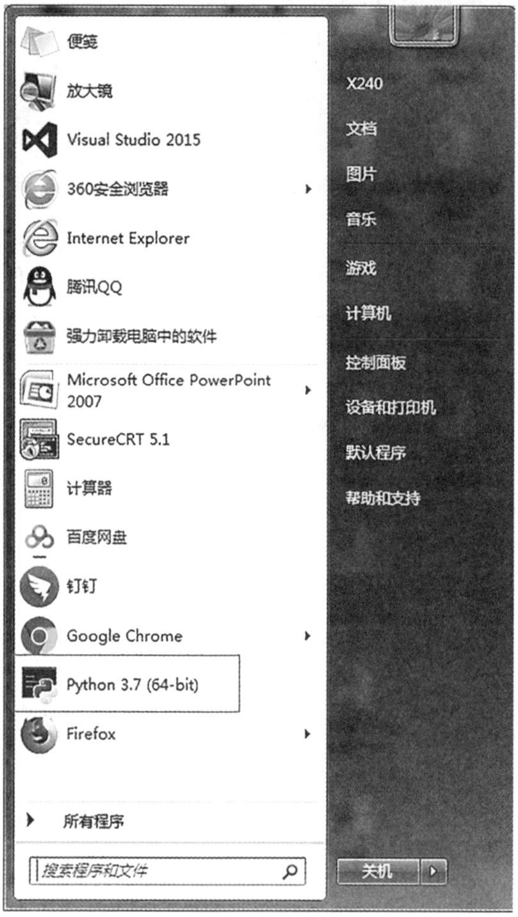

图 1.10　打开 Shell

得到如图 1.11 所示的结果，表示环境正常。

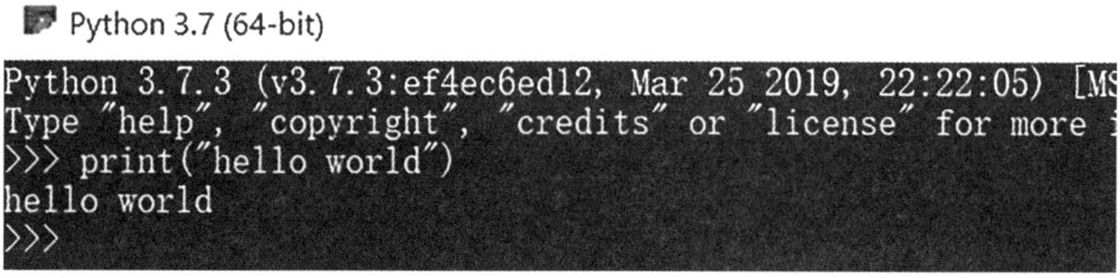

图 1.11　输出内容

1.3.1.2　安装 PyCharm

集成开发环境具备调试、语法高亮、项目管理、智能提示等便于开发和写代码的功能，PyCharm 是 JetBrains 公司开发的 Python 集成环境，功能强大，适合初学者和较大型项目的开发。安装步骤如下。

步骤 1:访问 PyCharm 官网下载,根据系统版本和平台下载合适的安装包,下载完成后双击安装包文件,打开安装界面,如图 1.12 所示。

图 1.12　安装 PyCcharm

步骤 2:选择安装路径,如图 1.13 所示。

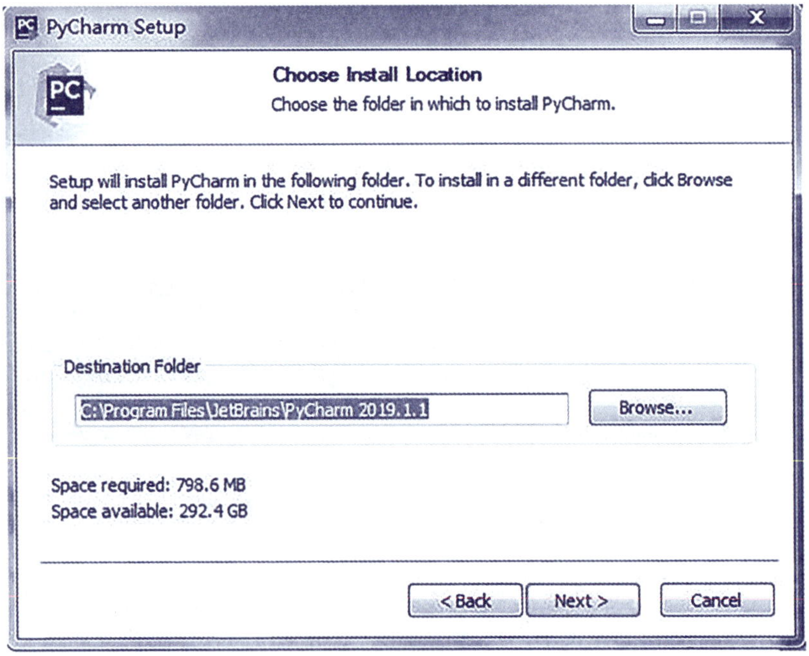

图 1.13　选择路径

步骤 3:选择安装选项,保持默认即可,如图 1.14 所示。

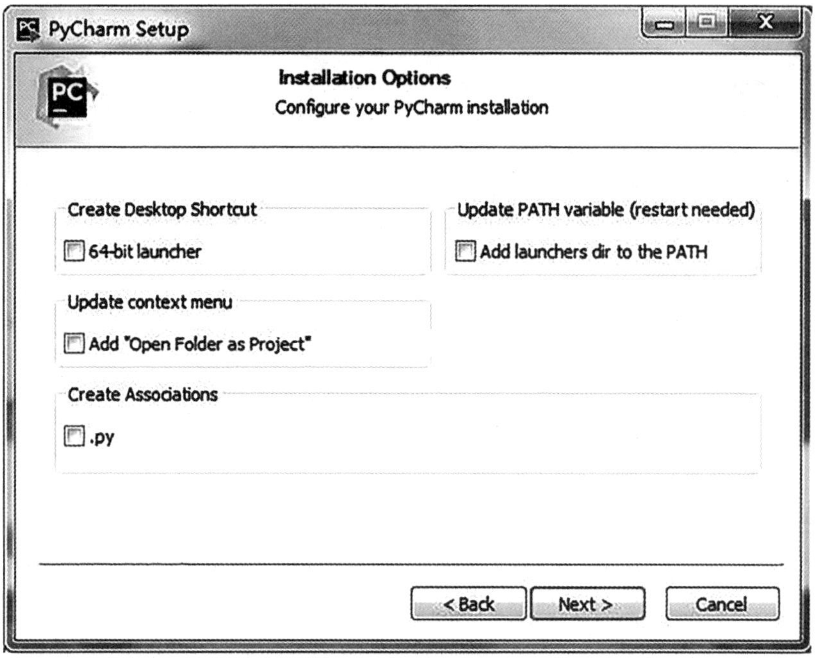

图 1.14　安装选项

步骤 4:设置开始菜单目录名称,如图 1.15 所示。

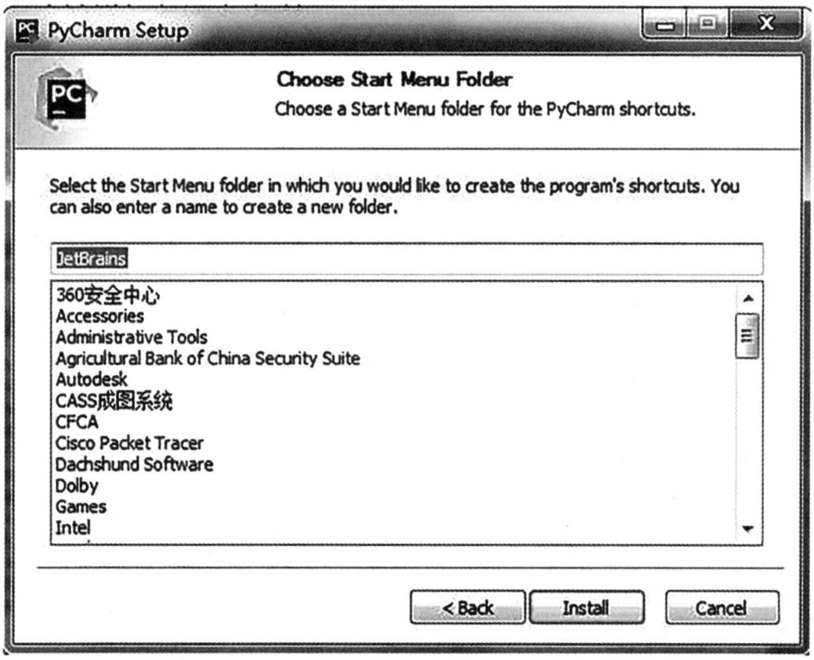

图 1.15　快捷键目录

步骤 5：等待安装结束，如图 1.16 所示。

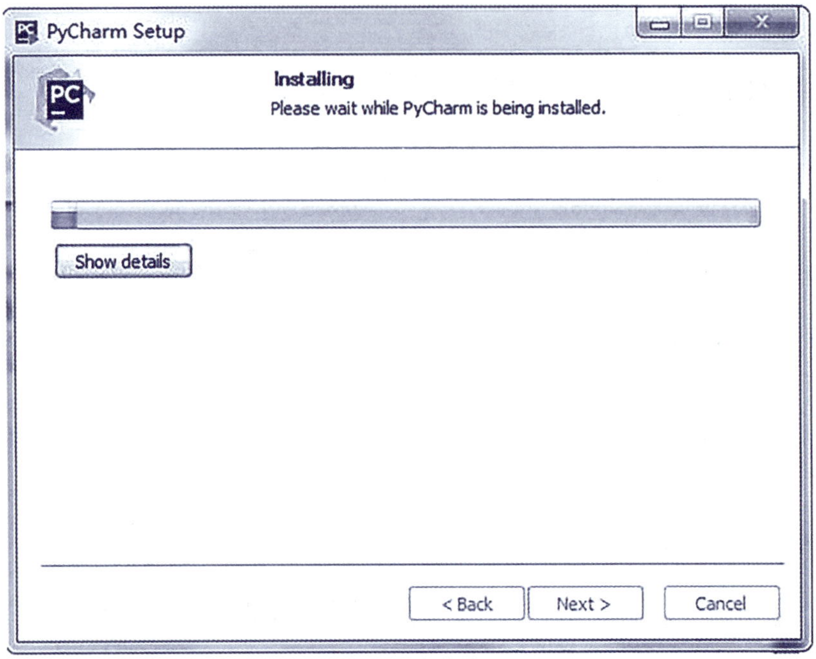

图 1.16　正在安装

步骤 6：安装完毕，如图 1.17 所示。

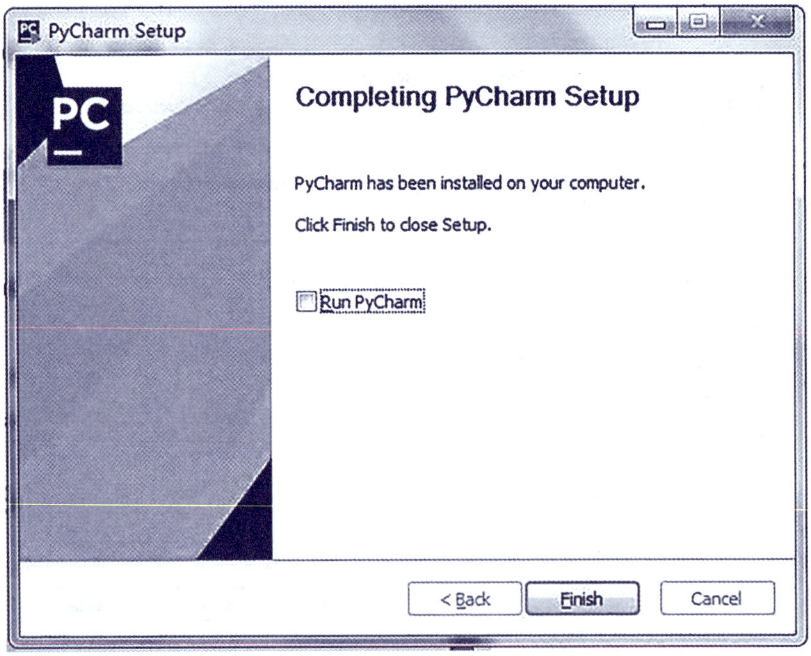

图 1.17　安装完毕

1.3.1.3　创建一个 Python 项目

安装完毕后，双击 PyCharm 图标，创建 Python 项目。

步骤 1：首次启动 PyCharm，需要设置主题。保持默认并点击右下角的"Next Featured plugins"，如图 1.18 所示。

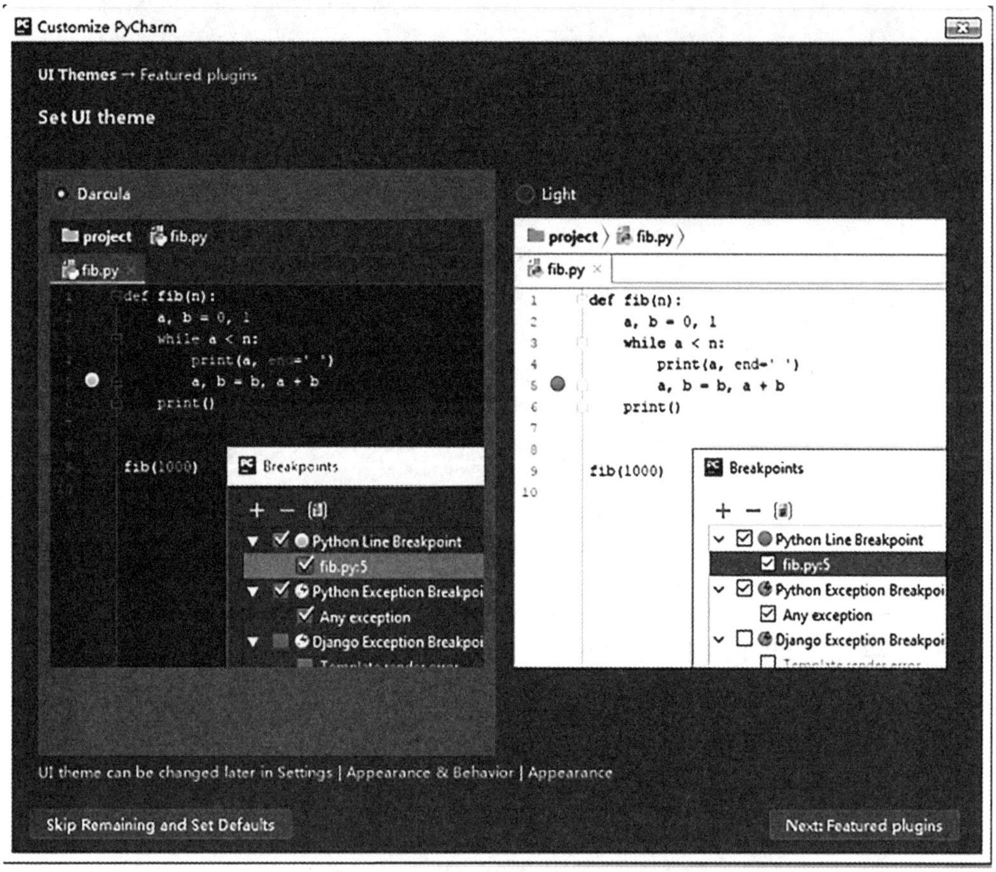

图 1.18　设置主题

步骤 2：选择要安装的其他组件，在左下角选择"Skip Remaining and Set Defaults"，如图 1.19 所示。

步骤 3：选择评估版本，如图 1.20 所示。

步骤 4：正在打开开发环境，如图 1.21 所示。

步骤 5：在左边列表选择"Pure Python"，在"Location"后面输入项目保存的路径。在"Existing interpreter"选择 Python 安装路径下的 python. exe 文件，如图 1.22 所示。

步骤 6：设置开始菜单目录名称，如图 1.23 所示。

步骤 7：选择项目名称单击右键，创建 Python 文件，如图 1.24 所示。

步骤 8：设置主题样式，如图 1.25 所示。

步骤 9：单击"Appearance"，选择"Theme"下拉框的"Intelij"，切换到白色主题，如图 1.26 所示。

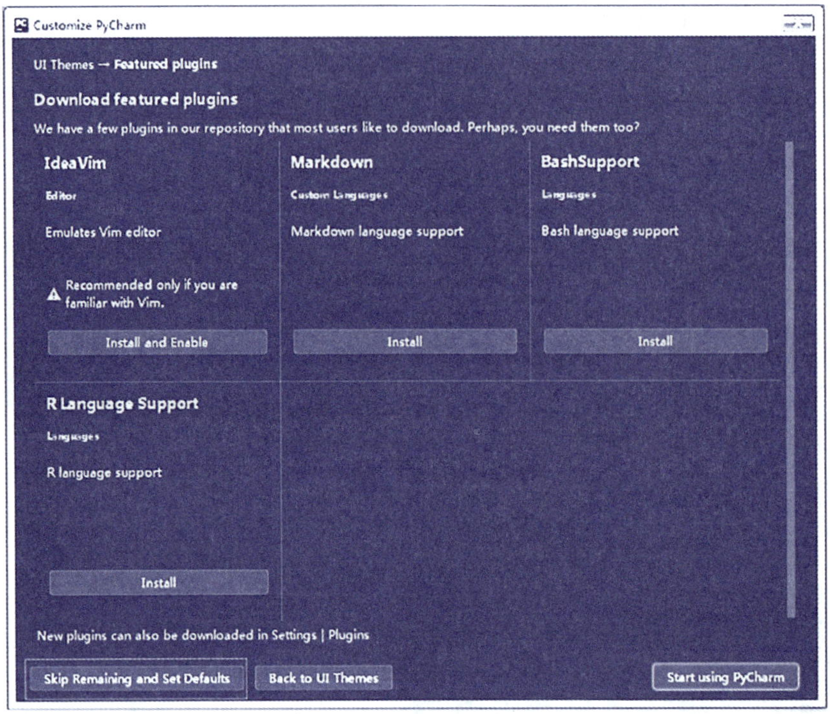

图 1.19　配置安装其他组件

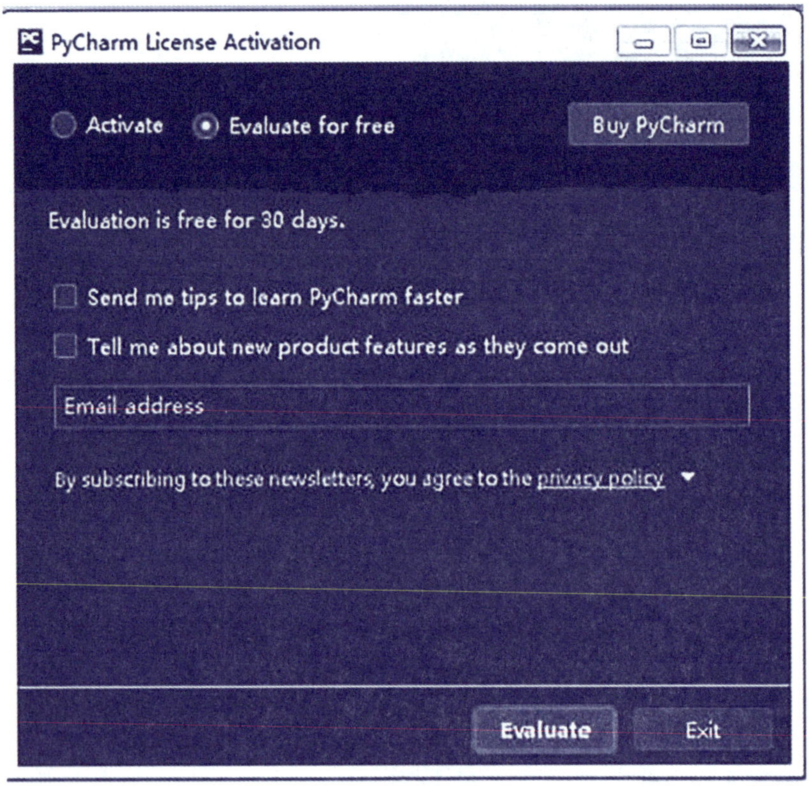

图 1.20　输入账号

图 1.21　启动画面

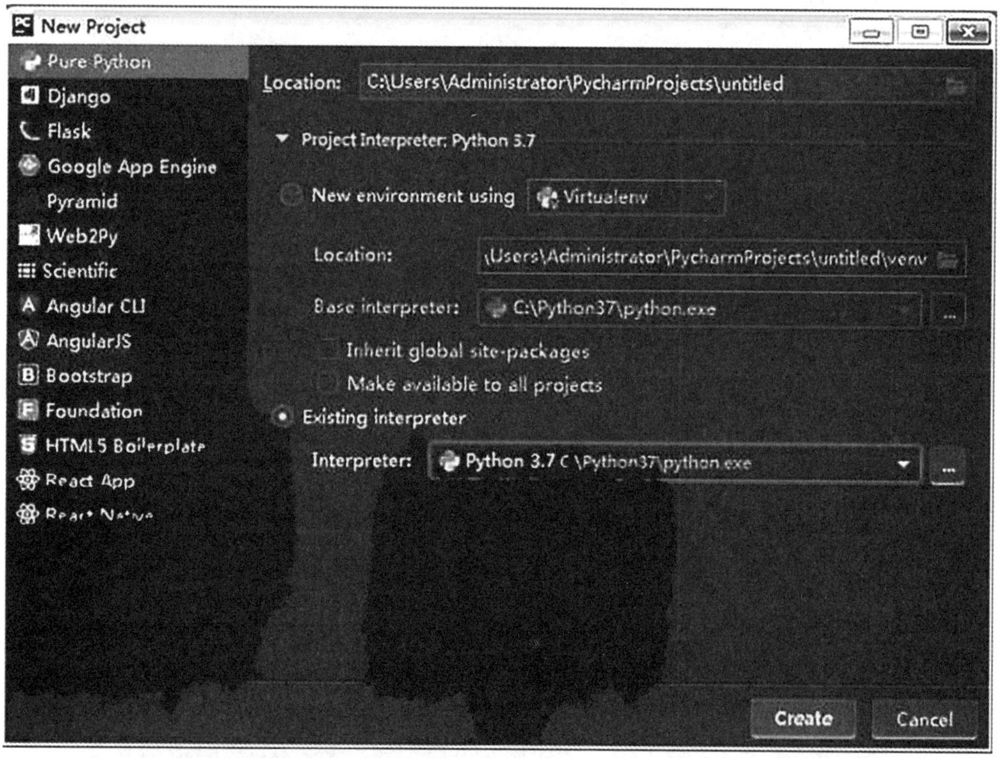

图 1.22　创建项目

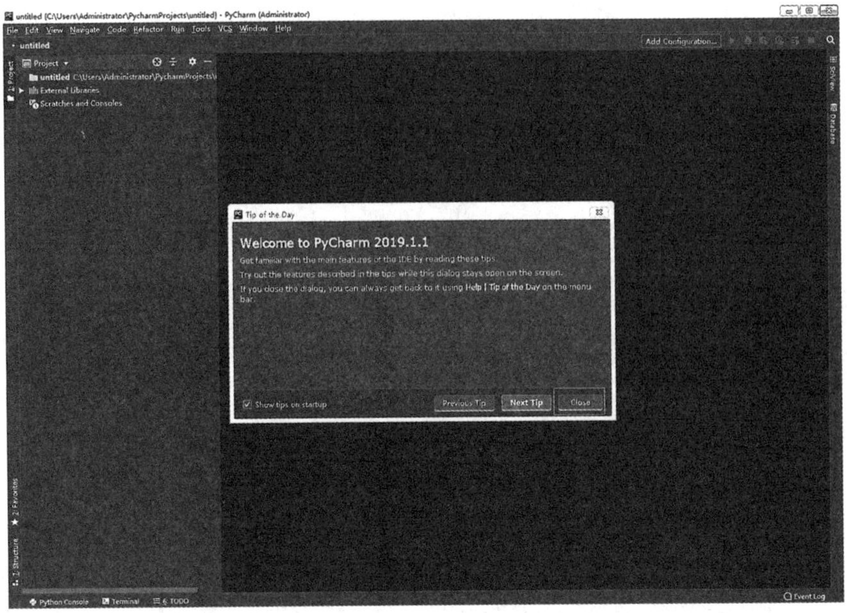

图 1.23　启动项目欢迎界面

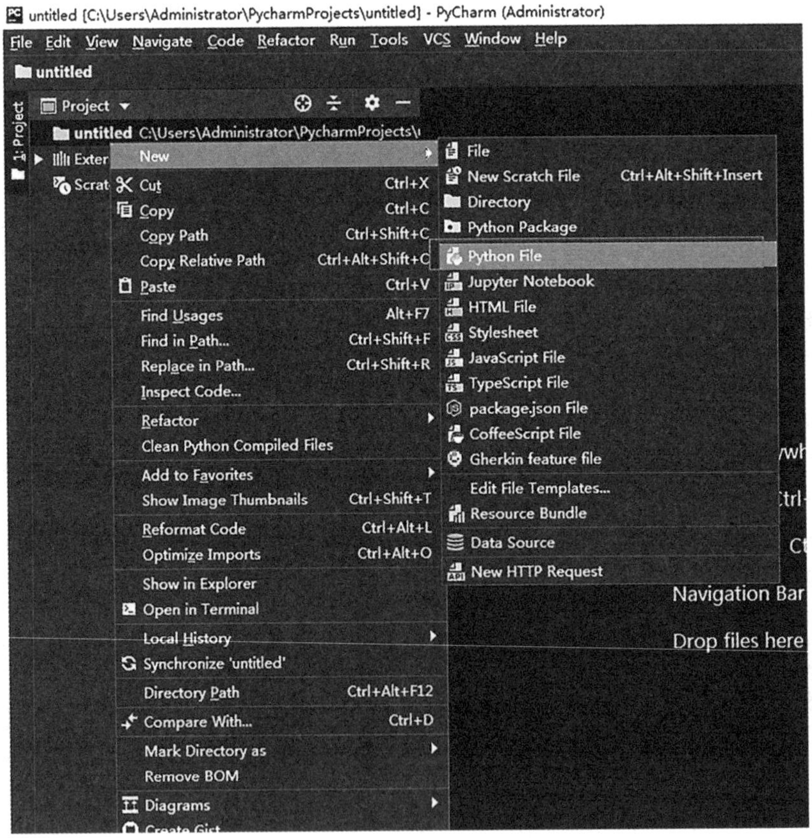

图 1.24　创建 Python 文件

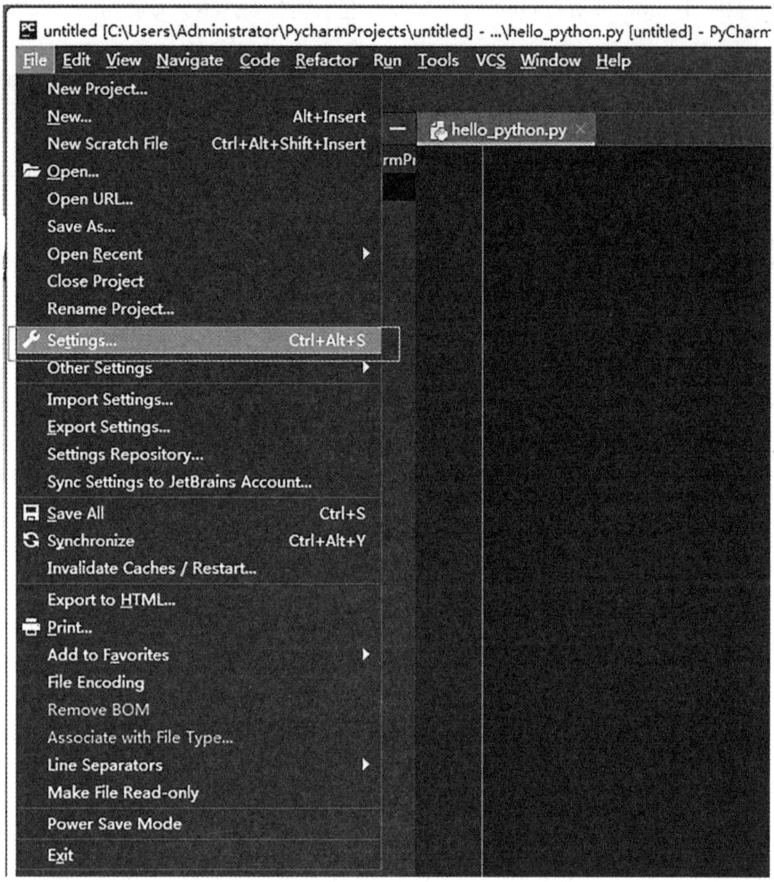

图 1.25　设置主题样式

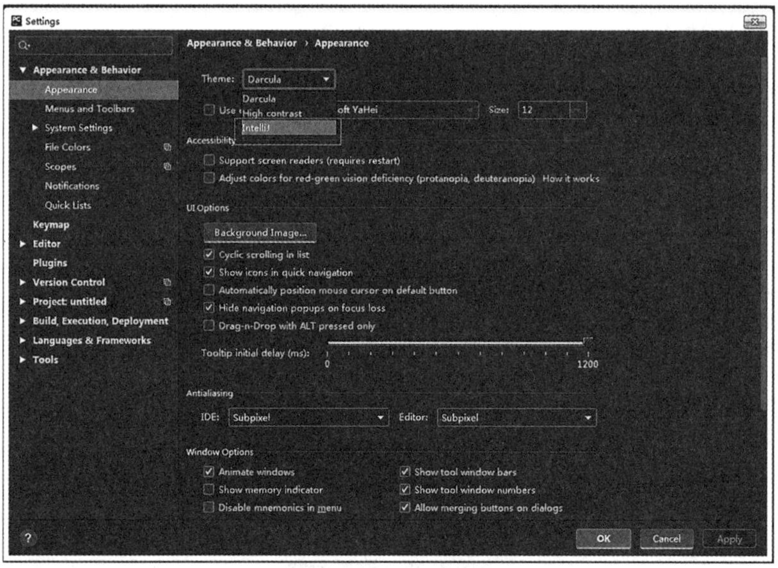

图 1.26　选择主题

步骤 10：选择“Editor”下的“Font”，在“Size”框中输入字体大小，如图 1.27 所示。

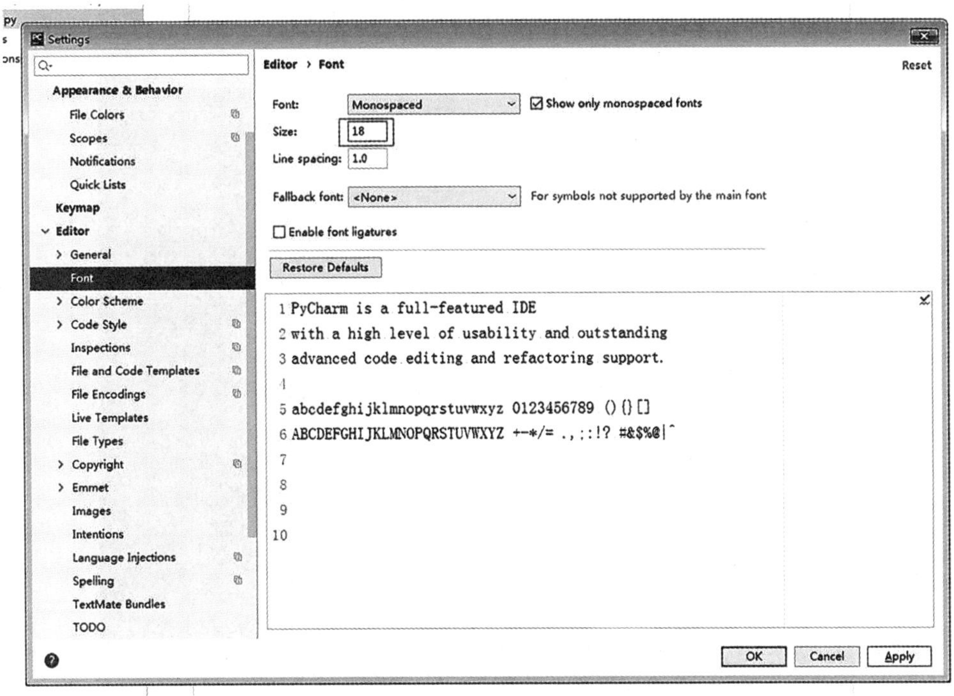

图 1.27　设置字体大小

步骤 11：在 Python 中，使用内置的 print( )函数将结果输出到标准控制台上，语法格式如下。

```
print(输出内容)
```

本例中输入以下内容。

```
print("hello world")
```

图 1.28 中的“hello world”表示字符串，是 Python 数据类型中的一种，Python 常见的数据

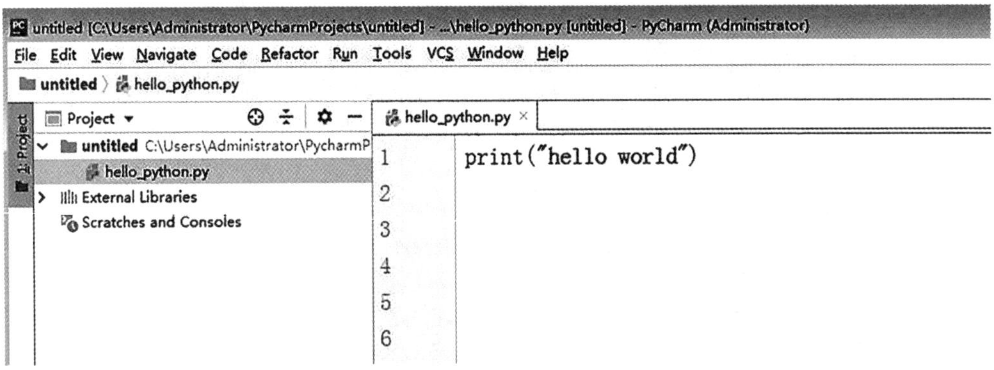

图 1.28　打印内容

类型有四种:整型、浮点型、布尔型和字符串型。整型就是整数,用 int 表示,学生成绩管理系统中学生的成绩就定义为整数型;浮点型就是带小数点的数字,用 float 表示;布尔型是特殊的整数,用 bool 表示,它只有两个值,分别是 True 和 False,如果将布尔型用于整数运算,则 True 代表 1,False 代表 0;字符串是一种表示文本的数据类型,用 str 表示。

写了代码之后通常需要添加注释,用于反映该段程序的逻辑思路、核心功能、变更情况、输入参数、输出结果等信息。对于单行注释,是在该行文本前加"#"号。

```
#注释内容
```

多行文本注释,使用成对的三个双引号或者三个单引号表示。

```
'''
注释内容 1
注释内容 2
.......
'''
```

步骤 12:在文本编辑区,单击右键,运行脚本文件,如图 1.29 所示。

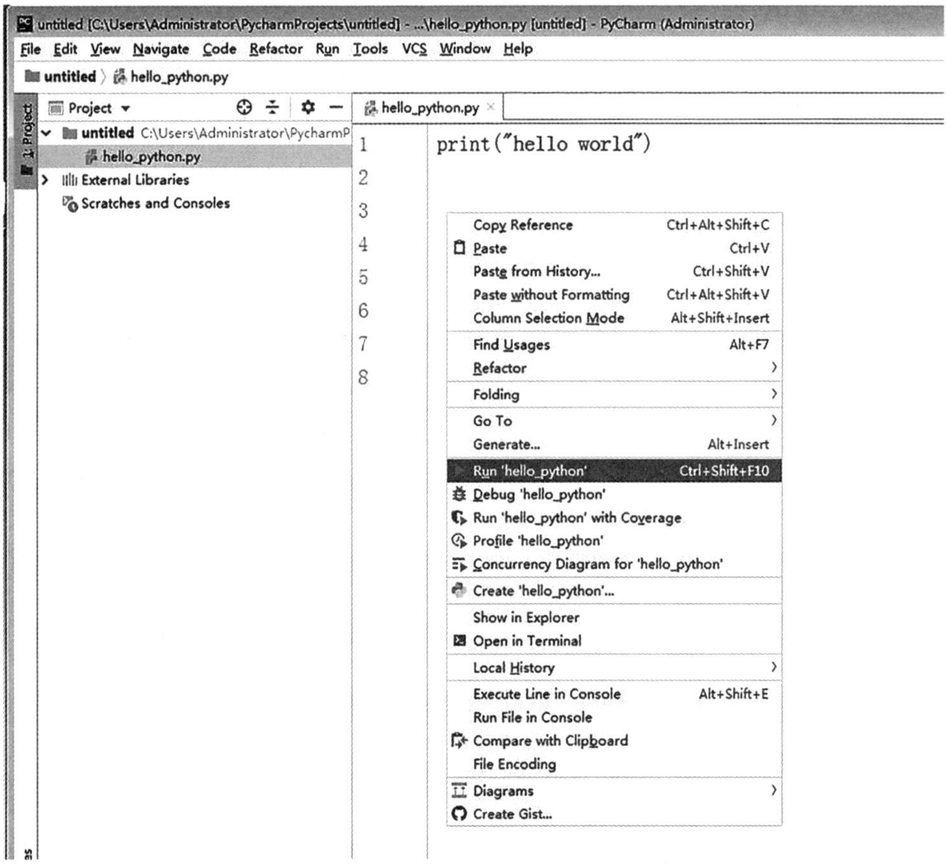

图 1.29　运行脚本

步骤 13:在控制台观察输出结果,如图 1.30 所示。

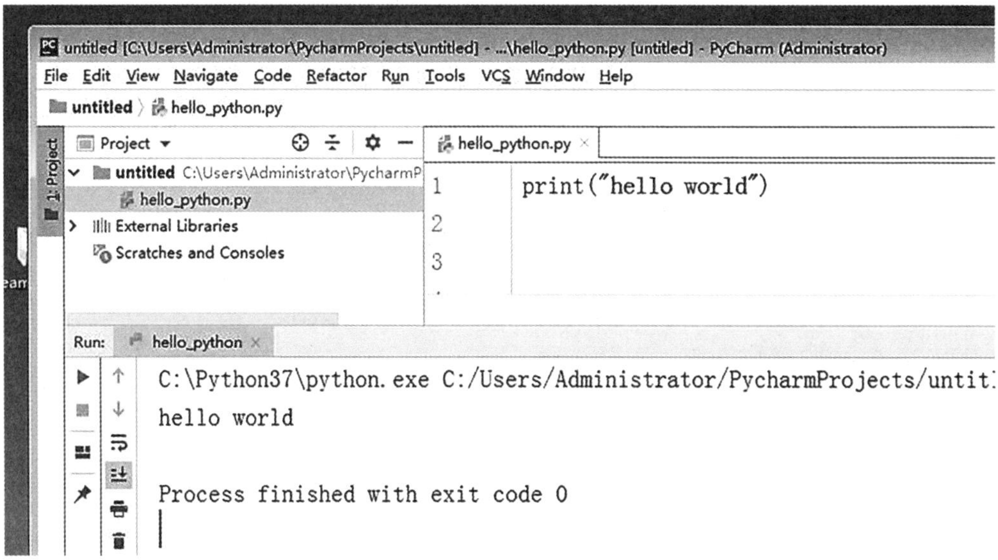

图 1.30　运行结果

1.3.2 主函数设计

函数是 Python 结构的基本组成单元,能让功能实现更加清晰灵活,提高应用的模块性和代码的重复利用率。

1.3.2.1　定义变量

在学生成绩管理系统实现过程中需要定义一些变量来存储一些必要的值,变量是计算机内存中的一块区域,用来存储规定范围内的值,在程序运行过程中,变量的值可以改变。在 Python 中,直接赋值即可创建各种类型的变量,而不需要先定义后使用。变量的定义有三个要素:一是变量名需要是合法标识符(长度不受限制,只能是字母、数字或者下划线,且第一个字符不能是数字,区分大小写);二是需要通过"="为变量赋值;三是变量名尽力做到顾名思义。变量赋值的语法格式如下。

```
变量名=value
```

例如,在录入成绩环节定义 mark 为循环标记变量,来判定是否进行循环。

```
mark=True
```

1.3.2.2　认识函数的基本概念

1. 函数定义的基本规则

(1) 函数的声明以 def 关键词开头,后接函数标识符名称(即函数名)、括号"()"和冒号":"。

(2) 函数名必须以下划线或者字母开头,可以包含数字、字母、下划线等组合,不可以包含标点符号,也不能使用保留字。

(3) 同一 Python 的脚本文件中定义的函数名称不能一样,否则后面的函数定义会覆盖前面的定义。

(4) 声明的函数可以定义参数,任何需要传入的参数和自变量都必须放在函数名后的括号中。参数的个数不固定,可以没有,可以是一个,可以是两个。

(5) 声明函数的函数体使用缩进,表示当前函数包裹内容。

(6) 声明函数的第一行语句可以选择性地使用文档字符串,用于存放函数说明。

(7) 如果函数需要返回值,使用 return [表达式];如果不需要,return 后不接任何表达式或者不写 return,默认表示返回 None。

2. 函数定义的基本语法

函数定义的语法格式如下。

```
def function_name( parameters ):
    '''函数_文档字符串'''
    function_body
    return [expression]
```

[**参数说明**]

(1) function_name:函数标识符名称,即函数名。

(2) parameters:参数列表,用于指定向函数中传递的参数。如果有多个参数,需要用“,”号隔开。函数的参数列表也可以为空,表示函数没有参数。

(3) function_body:函数体,即函数具体逻辑实现。

(4) return [expression]:返回表达式。

因参数列表数量的不固定,默认情况下,出入参数值和参数名称是按照函数声明中定义的参数顺序进行匹配的。

1.3.2.3　主函数设计

在系统开发中,通常定义一个名叫 main 的函数作为主函数。在学生成绩管理系统中,通过主函数调用 menu( ) 函数来显示功能菜单,然后根据 if 语句判断用户的输入,选择执行各项功能,实现对学生成绩的录入、查询、显示、排序和统计功能。主界面运行效果如图 1.31 所示。

1. 业务流程

在进行主函数设计时,需要先整理出业务流程和实现技术。根据学生成绩管理系统主函数所要实现的功能,设计如图 1.32 所示的业务流程,以便指导主函数的设计工作。

2. 主函数实现

在学生成绩管理系统中,主要实现 4 个功能:学生成绩维护、查询成绩、成绩排序、成绩统计,因此一共需要定义如表 1.1 所示的 8 个函数来实现功能。

```
┌--------学生信息管理系统---------┐
|                                  |
| =============== *功能菜单*================ |
|                                  |
|  1 录入学生成绩                   |
|  2 查找学生成绩                   |
|  3 删除学生成绩                   |
|  4 修改学生成绩                   |
|  5 成绩排序                       |
|  6 统计成绩                       |
|  7 显示所有学生成绩               |
|  0 退出系统                       |
| ========================================== |
| 说明：通过数字选择菜单             |
└----------------------------------┘

请选择：
```

图 1.31　主界面运行效果

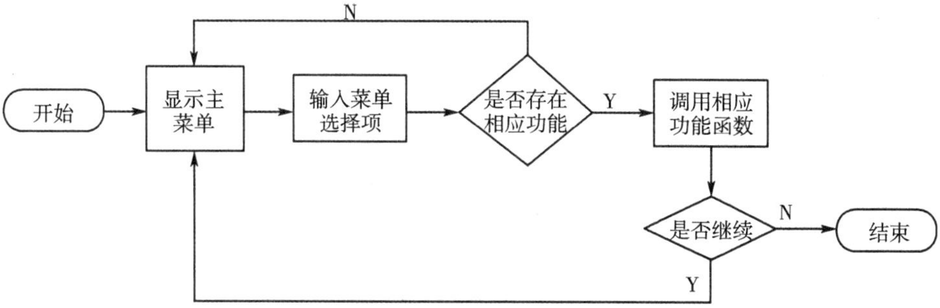

图 1.32　主函数业务流程

表 1.1　菜单中的数字所对应功能表

数字编号	功能函数	功能描述
0	sys. exit( )	通过系统函数退出系统
1	insert( )	录入学生成绩
2	search( )	查找学生成绩
3	delete( )	删除学生成绩
4	modify( )	修改学生成绩
5	sort( )	成绩排序
6	statistics( )	统计成绩
7	show( )	显示所有成绩

3. 定义主函数 m()

主函数 m()采用循环嵌套结构,Python 中有三种流程控制结构:顺序结构、选择结构、循环结构。

(1) 顺序结构

程序从上往下按顺序执行每条语句,中间没有判断或跳转。

```
#示例
a=8
b=20
c=a+b
print("c 的值是",c)
```

运行结果如下。

```
c 的值是 28
```

(2) 选择结构

使用 if 控制语句实现,主要有三种不同形式,分别是单分支结构(if 语句)、双分支结构(if…else)和多分支结构(if…elif…else)

① 用 if 语句实现单分支结构。语法格式如下。

```
if 表达式:
    语句块
```

其中,if 后面要加冒号。表达式可以是布尔型或变量,也可以是比较表达式或逻辑表达式,如果表达式为真,则执行语句块;如果表达式为假,就跳过语句块,执行后面的语句。

```
#示例
grade = 70
if grade >= 60:
    print("合格")
```

运行结果如下。

```
合格
```

② 用 if…else 实现双分支结构。语法格式如下。

```
if 表达式:
    语句块 1
else:
    语句块 2
```

其中,表达式类型跟分支结构中一样,当表达式为真时,执行语句块 1;当表达式为假时,执行语句块 2。

```
#示例
name ="高等数学"
if name == "体育":
    result = True
else:
    result = False

print("判断结果为:", result)
```

运行结果如下。

```
判断结果为:False
```

③ 用 if…elif…else 实现分支结构。语法格式如下。

```
if 表达式 1:
    语句块 1
elif 表达式 2:
    语句块 2
elif 表达式 3:
    语句块 3
…
else:
    语句块 n
```

当表达式为真时，执行相应的语句；如果表达式为假，则跳过该语句，进行下一个 elif 的判断。当表达式都为假时，执行 else 中的语句。

```
#示例
name ="高等数学"
if name == "体育":  # 判断 name 变量是否为"体育"
    result = True
elif name == "Python":  # 判断 name 变量是否为"Python"
    result = True
elif name == "英语":  # 判断 name 变量是否为"英语"
    result = True
else:
    result = False  # 都不满足的情况执行此行语句

print("判断结果为:", result)
```

运行结果如下。

```
判断结果为：False
```

④ if 语句的嵌套。前三种 if 语句可以相互嵌套，嵌套 if 结构可以通过外层语句和内层语句的协调增强程序的灵活性。语法格式如下。

```
if 表达式 1：
    if 表达式 2：
        语句块 1
    else：
        语句块 2
else：
    if 表达式 3：
        语句块 3
    else：
        语句块 4
```

对表达式 1 进行判断：当表达式 1 为真时，判断表达式 2，如果表达式 2 为真，则执行语句块 1，否则执行语句块 2；当表达式 1 为假时，判断表达式 3，如果表达式 3 为真，执行语句块 3，否则执行语句块 4。

```
#示例
score=77
if score>=70:
    if score>=90:
        print("perfect")
    else:
        print("wonderful")
else:
    if score>=60:
        print("good")
    else:
        print("try again")
```

运行结果如下。

```
wonderful
```

(3) 循环结构

循环结构主要是重复执行一组语句，主要包含 while 循环和 for 循环。

① while 循环。通过条件来控制是否要重复执行循环体中的语句，语法格式如下。

```
初始化变量
```

```
while 循环条件:
 循环体
```

其中,循环体是一组被重复执行的语句,当条件表达式为真时,执行循环体中的语句,执行完毕再次对循环条件进行判断,如果为真,则继续执行,直到当表达式为假时,退出循环。

```
#示例
data = ["高等数学","体育","英语"]
i = 0
count = len(data)
while True:
    if i < count:
        print("当前科目是:", data[i])
    i += 1
```

遍历集合中的每一个元素并输出,运行结果如下。

```
当前科目是: 高等数学
当前科目是: 体育
当前科目是: 英语
```

② for 循环。for 循环主要用来遍历数据集合或者迭代器中的元素,语法格式如下。

```
for 循环变量 in 对象:
    循环体
```

其中,循环变量用来保存读取的值;对象为要遍历或迭代的对象,可以是任何有序的序列对象;循环体为一组被重复执行的语句。执行步骤为:尝试从对象中获取第一个元素,如果能获取,将获取的元素赋值给循环变量,执行循环体,然后继续从对象中获取下一个元素重复上一个循环,直到无法获取元素,终止循环。

```
#示例
data = ["高等数学","体育","英语"]
for item in data:
    print("当前科目是:", item)
```

遍历集合中的每一个元素并输出,运行结果如下。

```
当前科目是: 高等数学
当前科目是: 体育
当前科目是: 英语
```

③ 循环嵌套

实际应用中,一个循环可能无法满足要求,这就需要在一个循环体中嵌入另一个循环体,形成循环嵌套。for 循环和 while 循环都可以进行循环嵌套。例如在 while 循环中嵌套 for 循环,语法格式如下。

```
while 循环条件:
    for 循环变量 in 对象:
        循环体 2
    循环体 1
```

```
#示例:九九乘法表
for i in range(1,10):
    j = 1
    while j <= i:
        print("%d * %d=%d\t" % (j, i, i * j),end = "")
        j += 1
    print()
```

运行结果:

```
1*1=1
1*2=2   2*2=4
1*3=3   2*3=6   3*3=9
1*4=4   2*4=8   3*4=12  4*4=16
1*5=5   2*5=10  3*5=15  4*5=20  5*5=25
1*6=6   2*6=12  3*6=18  4*6=24  5*6=30  6*6=36
1*7=7   2*7=14  3*7=21  4*7=28  5*7=35  6*7=42  7*7=49
1*8=8   2*8=16  3*8=24  4*8=32  5*8=40  6*8=48  7*8=56  8*8=64
1*9=9   2*9=18  3*9=27  4*9=36  5*9=45  6*9=54  7*9=63  8*9=72  9*9=81
```

其他形式的嵌套不再一一列举。

(4) 循环跳转语句

在实际开发中,循环语句不一定按照循环条件遍历所有内容,这时就需要用跳转语句 break 或 continue 把控制转移到循环或程序的其他部分。

① break 语句。break 语句用来终止当前循环,然后执行循环后面的语句。break 只对当前循环有效,如果使用嵌套循环,内层的 break 只会终止内层循环语句的执行,不会终止外层循环。

break 语句只能在 while 循环或 for 循环中使用。

```
#示例
data = ["高等数学", "体育", "英语"]
i = 0
count = len(data)
while True:
    if i < count:
```

```
        print("当前科目是:", data[i])
    else:
        print("终止循环")
        break
    i += 1
```

运行结果如下。

```
当前科目是:高等数学
当前科目是:体育
当前科目是:英语
终止循环
```

② continue 语句。continue 语句用来强制一个循环提前返回，跳过此次循环剩余部分，开始下一次循环。continue 语句只能在 while 循环或 for 循环中使用。

```
#示例
data = ["高等数学","体育","英语"]
for i in data:
    if i == "高等数学":
        continue
    print(i)
```

运行结果如下。

```
体育
英语
```

③ try-except 异常处理语句。Python 使用 try…except…来进行异常信息捕获。Exception 是所有异常的基类，因此使用 except Exception 可以捕获到任意类型的异常信息，finally 表示异常捕获后最终要执行的代码。

主函数 m()代码的实现如下。

```
import sys
def m():
    while (True):
        menu()  # 显示菜单
        option = input("请选择:")  # 选择菜单项
        option_str = re.sub("\D", "", option)  # 提取数字
        if option_str in ['0', '1', '2', '3', '4', '5', '6', '7']:
            option_int = int(option_str)
            if option_int == 0:  # 退出系统
                print('您已退出学生成绩管理系统! ')
```

```
            sys.exit()
        elif option_int == 1:  # 录入学生成绩信息
            insert()
        elif option_int == 2:  # 查找学生成绩信息
            search()
        elif option_int == 3:  # 删除学生成绩信息
            delete()
        elif option_int == 4:  # 修改学生成绩信息
            modify()
        elif option_int == 5:  # 学生成绩排序
            sort()
        elif option_int == 6:  # 统计学生分数
            statistics()
        elif option_int == 7:  # 显示所有学生信息
            show()
```

注意:在退出系统中调用了 sys.exit(),需要在程序最前面加上 import sys。

在一个.py 文件中,如果不是在定义函数,也就是说不是在 def 关键字的内嵌结构内,Python 会默认其余部分函数是 main 函数,并自动执行。在正规工程中,一般都会将 main 函数写为

```
if __name__ == "__main__":
```

可以理解为"if name = = "main":" 这一句与 C 语言中的 main()函数所表述的是一致的,即作为入口。

为学生成绩管理系统创建程序入口,然后调用 m()函数。

```
if __name__ == "__main__":
    m()
```

其中,= =是比较运算符。Python 中常见的运算符主要有算术运算符(表 1.2)、比较运算符(表 1.3)、赋值运算符(表 1.4)、位运算符(表 1.5)和逻辑运算符(表 1.6)。

表 1.2 算术运算符

运算符名称	描述
+	两个数据相加
-	两个数据相减
*	两个数据相乘
/	两个数据相除
%	两个数据取模

续表

运算符名称	描述
**	求次方
//	向下取整,返回商的整数部分

```
#示例:算术运算符
a = 8
b = 20

c = a + b
print("a+b=", c)

c = a - b
print("a-b=", c)

c = a * b
print("a*b=", c)

c = a / b
print("a/b=", c)

c = a % b
print("a%b=", c)

b = 3
c = a // b
print("a//b=", c)

c = a ** b
print("a**b=", c)
```

运行结果如下。

```
a+b= 28
a-b= -12
a*b= 160
a/b= 0.4
a%b= 8
a//b= 2
a**b= 512
```

表 1.3　比较运算符

运算符名称	描述
>	大于
<	小于
>=	大于等于
<=	小于等于
==	等于
！=	不等于

```
#示例:比较运算符
a = 8
b = 20

c = a > b
print("a > b 计算结果:", c)

c = a < b
print("a < b 计算结果:", c)

c = a >= b
print("a >= b 计算结果:", c)

c = a <= b
print("a <= b 计算结果:", c)

c = a == b
print("a==b 计算结果:", c)

c = a != b
print("a!=b 计算结果:", c)
```

运行结果如下。

```
a > b 计算结果: False
a < b 计算结果: True
a >= b 计算结果: False
a <= b 计算结果: True
a==b 计算结果: False
a!=b 计算结果: True
```

表 1.4　赋值运算符

运算符名称	描述
=	赋值
+=	加赋值
-=	减赋值
*=	乘赋值
/=	除赋值
%=	模赋值
**=	幂运算赋值
//=	除取整赋值

```
#示例:赋值运算符
a = 8
b = 20

c = a + b
print("经过 c=a + b 计算结果后的值为:", c)

a += b
print("经过 a += b 计算结果后 a 的值为:", a)

a -= b
print("经过 a -= b 计算结果后 a 的值为:", a)

a *= b
print("经过 a *= b 计算结果后 a 的值为:", a)

a /= b
print("经过 a /= b 计算结果后 a 的值为:", a)

a %= b
print("经过 a %= b 计算结果后 a 的值为:", a)

a **= b
print("经过 a **= b 计算结果后 a 的值为:", a)

a //= b
print("经过 a //= b 计算结果后 a 的值为:", a)
```

运行结果如下。

```
经过 c=a + b 计算结果后 c 的值为：28
经过 a += b 计算结果后 a 的值为：28
经过 a -= b 计算结果后 a 的值为：8
经过 a ＊= b 计算结果后 a 的值为：160
经过 a /= b 计算结果后 a 的值为：8.0
经过 a %= b 计算结果后 a 的值为：8.0
经过 a ＊＊= b 计算结果后 a 的值为：1.152921504606847e+18
经过 a //= b 计算结果后 a 的值为：5.764607523034235e+16
```

表 1.5　　位运算符

运算符名称	描述
<<	左移动运算符，将每个位往左移动，低位补 0
>>	右移动运算符，将每个位往左移动，高位补 0
&	按位与运算，若相同位上值为 1，则结果就为 1，否则为 0
|	按位或运算，若相同位上值其中一个为 1，则结果就为 1，否则为 0
^	按位异或运算符，若相同位上值不相同，则结果为 1，否则为 0
~	按位取反运算符，相同位上值取反，比如是 1 就取 0，是 0 就取 1

```
#示例:位运算符
a = 8
b = 20

c = a << 3
print("a << 3=", c)

c = a >> 3
print("a >> 3=", c)

c = a & b
print("a & b=", c)

c = a | b
print("a | b=", c)

c = a ^ b
print("a ^b=", c)
```

```
c = ~a
print("~a=", c)
```

运行结果：

```
a << 3= 80
a >> 3= 1
a & b= 0
a | b= 30
a ^b= 30
~a= -11
```

表 1.6　　逻辑运算符

运算符名称	描述
and	与运算,若多个条件同时为 True 则结果为 True
or	或运算,若其中一个条件为 True 则结果为 True
not	对布尔值取反,若 not True 结果为 False,则 not False 结果为 True

```
#示例:逻辑运算符
a = 8
b = 20

if a > 0 and b > 0:
    print("a 和 b 都大于 0")
else:
    print("a 和 b 其中一个小于等于 0")

b = -20
if a >= 0 or b >= 0:
    print("a 和 b 其中一个大于等于 0")
else:
    print("a 和 b 都小于 0")

c = a - b
print("c 的值为:", c)
if not (c >= 0):
    print("c 小于等于 0")
```

```
else:
    print("c 大于 0")
```

运行结果：

```
a 和 b 都大于 0
a 和 b 其中一个大于等于 0
c 的值为：28
c 大于 0
```

4. 自定义菜单函数 menu()

在了解了函数的规则和基本语法之后，可以将部分小功能包裹起来定义在函数中。函数分为有参函数和无参函数，在学生成绩管理系统中，只需要了解无参函数的定义方式。自定义一个无参函数，在控制台输出学生成绩管理系统的功能菜单。具体代码如下。

```
def menu():
    # 输出菜单
    print('''
    ╔——————————学生信息管理系统——————————╗
    |                                      |
    |   ======= *功能菜单* =======        |
    |                                      |
    |   1 录入学生成绩                     |
    |   2 查找学生成绩                     |
    |   3 删除学生成绩                     |
    |   4 修改学生成绩                     |
    |   5 成绩排序                         |
    |   6 统计成绩                         |
    |   7 显示所有学生成绩                 |
    |   0 退出系统                         |
    |   ======================             |
    |  说明:通过数字选择菜单               |
    ╚——————————————————————————————————————╝
    ''')
```

函数的自定义提供了函数名、指定参数和函数体代码块。而自定义函数的目的就是将独立的功能抽离出来进行模块封装使用，所以在函数的基本结构完成之后，就可以直接在 Python 文件中调用执行，或者通过另一个函数进行调用执行，调用无参数函数只需要通过函数名就可以实现。在 m() 函数中调用了主菜单函数 menu()（即 m() 函数的第 3 行代码）。

1.3.3 学生成绩维护

学生成绩维护模块主要包含学生成绩录入、学生成绩修改、学生成绩删除,每个学生都对应多个数据,在 Python 中处理多个数据可以采用列表(list)、元组(tuple)、字典 (dict) 和集合(set) 4 种数据结构。

(1) 列表的应用

列表是用来存储多个数据的数据结构。Python 使用 list 来创建列表,使用一对中括号表示。列表是一种数据结构,类似于 C/C++语言中的数组。列表是一种数据容器,可以存放任意类型的数据。列表中的数据是有序的,可以使用下标进行访问,下标索引范围是 0 到列表长度减 1。列表是可变对象,意味着可以往列表中添加元素,也可以修改和删除元素。

列表对象有非常多的使用方法,比如计算列表元素个数、在列表指定位置插入元素、移除某个元素。

由于列表支持使用下标访问,因此还可以按下标范围进行筛选数据,这种方法称为切片。

(2) 元组的应用

Python 使用 tuple 来创建元组,使用一对小括号表示。元组与列表类似,但是元组是不可变对象,意味着元组对象不能添加、删除元素。

(3) 字典的应用

Python 使用 dict 来创建字典,使用一对大括号{}表示。字典存储的是键值对结构的数据,是可变类型。与列表、元组不一样的地方是,字典不能使用下标索引进行访问,只能使用键名进行访问。

(4) 集合的应用

集合(set)是一种无序的并且里面存放不同元素的序列。集合可以使用大括号 { } 或者 set() 函数创建,注意:创建一个空集合必须用 set() 而不是 { },因为 { } 一般用来创建一个空字典。一般集合常用的场景是去重(如:列表去重)和关系测试(如:取交集、取并集、取差集等)。

1.3.3.1 定义录入学生成绩函数——insert()

用户在控制台录入学生 ID、姓名、数学成绩、Python 成绩、体育成绩等信息,每个学生的成绩保存在字典中,并将字典添加到列表里保存,录入完成会提示是否继续添加,继续添加输入“y”,不再添加输入“n”,录入结束。效果如图 1.33 所示。

学生成绩录入业务流程如图 1.34 所示。

定义函数 insert()实现学生信息的录入功能,它是一个无参无返回值函数,在该函数中设置嵌套循环,在该循环中使用内置的 input()函数接收用户键盘输入的内容(ID、姓名、数学成绩、Python 成绩、体育成绩等),语法格式如下。

```
┌--------学生信息管理系统----------┐
|                                  |
|  =============== *功能菜单*=============== |
|                                  |
|   1 录入学生成绩                 |
|   2 查找学生成绩                 |
|   3 删除学生成绩                 |
|   4 修改学生成绩                 |
|   5 成绩排序                     |
|   6 统计成绩                     |
|   7 显示所有学生成绩             |
|   0 退出系统                     |
|  ======================================== |
|  说明：通过数字选择菜单          |
└----------------------------------┘

请选择：1
请输入ID（如 1001）：1001
请输入名字：张三
请输入数学成绩：90
请输入Python成绩：95
请输入体育成绩：90
是否继续添加？（y/n）：
```

图 1.33　成绩录入界面

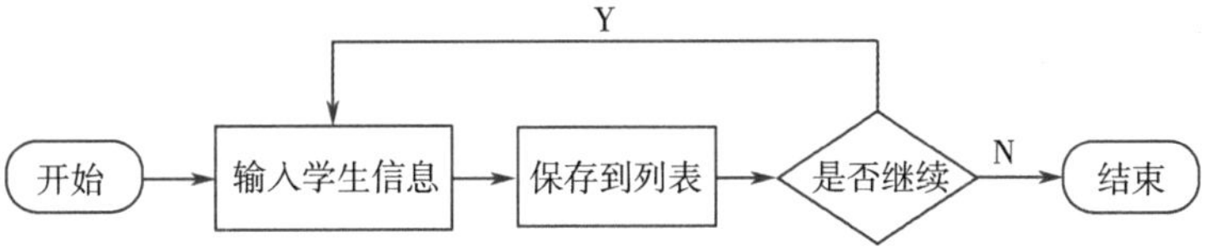

图 1.34　学生成绩录入业务流程

```
var=input("提示文字")
```

常见的输入语句如下。

```
#提示输入学号,并保存到变量 studentId 中
    studentId = input("请输入学生的学号:")
#提示输入 Python 成绩,并保存到变量
python 中,对输入的成绩转换为整型 python = int(input("请输入 Python 成绩:"))
```

用户输入的内容如果符合要求则保存到字典中,再将该字典添加到列表中保存,具体实现如下。

```
stuInfo={}
```

```
def insert():
        mark = True   # 是否继续添加
    while mark:
        id = input("请输入 ID(如 1001):")
        if not id:  # ID 为空,跳出循环
            break
        name = input("请输入名字:")
        if not name:  # 名字为空,跳出循环
            break
        try:
            math = int(input("请输入数学成绩:"))
            python = int(input("请输入 Python 成绩:"))
            PE = int(input("请输入体育成绩:"))
        except:
            print("输入无效,不是整型数值....重新录入信息")
            continue
        student = {"id":id, "name": name, "math": math, "python": python, "PE": PE}  # 将
输入的学生信息保存到字典
        stuInfo[id]=student  # 将学生字典添加到列表中
        inputMark = input("是否继续添加?(y/n):")
        if inputMark == "y":  # 继续添加
            mark = True
        else:  # 不继续添加
            mark = False
    print("学生信息录入完毕!!!")
```

1.3.3.2 定义删除学生成绩函数——delete( )

用户通过输入学生的 ID,查找相应学生的信息进行删除,若找到,则对相应学生的信息进行删除;若没找到,则提示“没有找到 ID 为 xx 的学生信息...”删除完一个后,提示是否继续删除,继续删除输入“y”,不再删除输入“n”,删除结束。

学生成绩删除业务流程如图 1.35 所示。

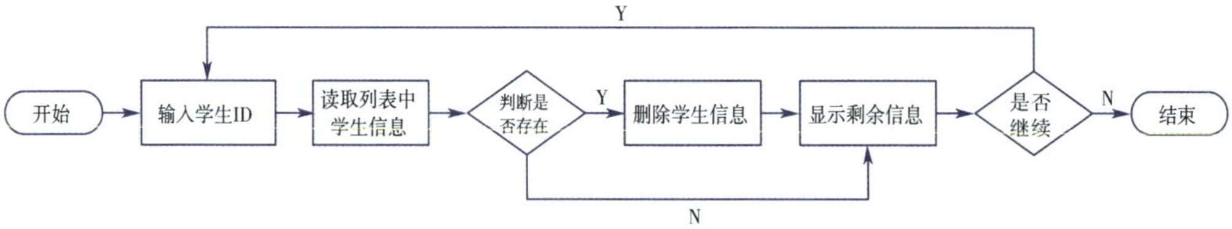

图 1.35 学生成绩删除业务流程

定义函数 delete( )实现学生成绩的删除功能,它是一个无参无返回值函数,该函数中使

用嵌套循环,具体实现如下。

```
def delete( ):
    mark = True  # 标记是否循环
    while mark:
        studentId = input("请输入要删除的学生 ID:")
        if studentId is not "":  # 判断要删除的学生是否存在
            ifdel = False  # 标记是否删除
            if studentId in stuInfo.keys( ):  # 如果存在学生信息
                stuInfo.pop(studentId)
                print("ID 为 %s 的学生信息已经被删除..." % studentId)
            else:
                print("没有找到 ID 为 %s 的学生信息..." % studentId)

                show( )  # 显示全部学生信息
                inputMark = input("是否继续删除?(y/n):")
                if inputMark == "y":
                    mark = True  # 继续删除
            else:
                    mark = False  # 退出删除学生信息功能
```

其中,show( )函数定义如下。

```
  def show( ):
      student_new = [ ]
      for s in stuInfo.keys( ):
          student_new.append(stuInfo[s])
      show_student(student_new)
defshow_student(studentList):
    if not studentList:
        print("无数据信息 \n")
        return
    format_title = "{:^6}{:^12}\t{:^8}\t{:^10}\t{:^10}\t{:^10}"
    print(format_title.format("ID","名字","数学成绩","Python 成绩","体育成绩","总成绩"))
    format_data = "{:^6}{:^12}\t{:^12}\t{:^12}\t{:^12}\t{:^12}"
    for info in studentList:
        print(format_data.format(info.get("id"), info.get("name"), str(info.get("math")), str
(info.get("python")),
                                str(info.get("PE")),
                                str(info.get("math") + info.get("python") + info.get("PE")).center
(12)))
```

1.3.3.3 定义修改学生成绩函数——modify( )

根据用户输入的学生 ID,查找对应学生的信息,如果找到,提示“找到了这名学生,可以修改他的信息!”,用户可对相应信息进行修改,如果没找到,提示“不存在该学生成绩! 修改失败”。最后提示是否继续修改,继续修改“y”,不再修改输入“n”,修改结束。

学生成绩修改业务流程如图 1.36 所示。

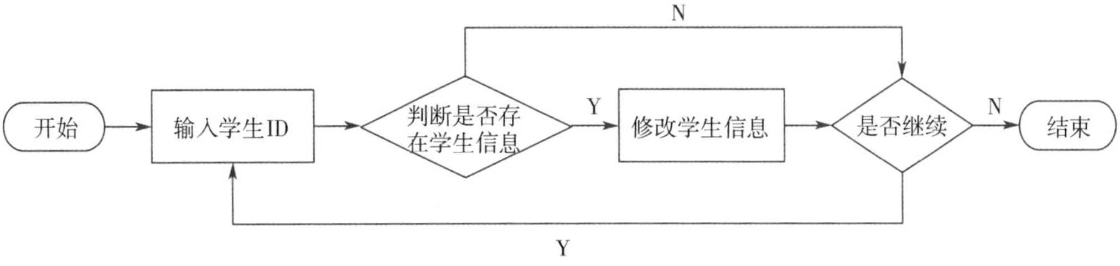

图 1.36 学生成绩修改业务流程

定义函数 modify( )实现学生成绩的修改功能,它是一个无参无返回值函数,在该函数中调用 show( )函数显示学生的成绩,根据用户输入的 ID,遍历保存学生信息的列表,将每个元素转换为字典,根据用户输入的信息更新学生的存储信息,具体实现如下。

```
def modify():
    show()  # 显示全部学生信息
    studentid = input("请输入要修改的学生 ID:")
    d={}
    if studentid in stuInfo.keys():  # 是否为要修改的学生
            print("找到了这名学生,可以修改他的信息!")
            while True:  # 输入要修改的信息
                try:
                    d["name"] = input("请输入姓名:")
                    d["math"] = int(input("请输入数学成绩:"))
                    d["python"] = int(input("请输入 Python 成绩:"))
                    d["PE"] = int(input("请输入体育成绩:"))
                except:
                    print("您的输入有误,请重新输入。")
                else:
                    break  # 跳出循环
            stuInfo[studentid]['name']=d["name"]
            stuInfo[studentid]["math"]=d["math"]
            stuInfo[studentid]["python"]=d["python"]
            stuInfo[studentid]['PE']=d["PE"]
            print("修改成功!")
```

```
        else:
            print("不存在该学生成绩! 修改失败")
        mark = input("是否继续修改其他学生信息? (y/n):")
        if mark == "y":
            modify()  # 重新执行修改操作
```

1.3.4 定义查询学生成绩函数——search( )

查询成绩包含两种方式,按照 ID 和按照姓名查询,用户输入学生的 ID 或者姓名后,如果学生信息存在则返回学生信息,不存在则显示“对不起,没有此学生。”。最后提示是否继续查询,若继续查询,则输入“y”,不再查询,则输入“n”,查询结束。

学生成绩查询业务流程如图 1.37 所示。

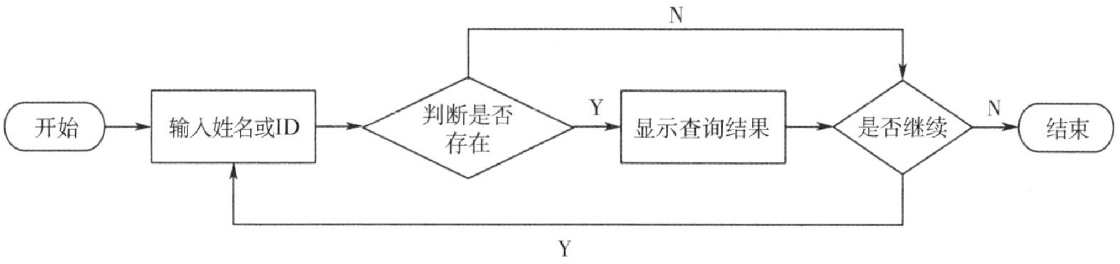

图 1.37 学生成绩查询业务流程

定义函数 search( )实现学生成绩的修改功能,它是一个无参无返回值函数,采用循环嵌套结构,具体实现如下。

```
def search():
    mark = True
    student_query = []  # 保存查询结果的学生列表
    while mark:
            id = ""
            name = ""
            mode = input("按 ID 查输入 1;按姓名查输入 2:")
                if mode == "1":
                id = input("请输入学生 ID:")
            elif mode == "2":
                name = input("请输入学生姓名:")
            else:
                print("您的输入有误,请重新输入!")
            search()  # 重新查询
```

```
        if id is not "":   # 判断是否按 ID 查
            if id in stuInfo.keys():
                student_query.append(stuInfo[id])   # 将找到的学生信息保存到列表中
        if name is not "":
            for lst in stuInfo.keys():
                if stuInfo[lst]['name'] == name:
                    student_query.append(stuInfo[lst])
        if len(student_query) == 0:
            print("对不起,没有此学生。")
        else:
            show_student(student_query)
        inputMark = input("是否继续查询? (y/n):")
        if inputMark == "y":
            mark = True
        else:
            mark = False
```

1.3.5 定义学生成绩排序函数——sort( )

学生成绩排序功能主要包括按照数学成绩、Python 成绩、体育成绩、总成绩排序四种方式进行升序或者降序进行排序,根据用户的选择实现不同的排序方式。

学生成绩排序业务流程如图 1.38 所示。

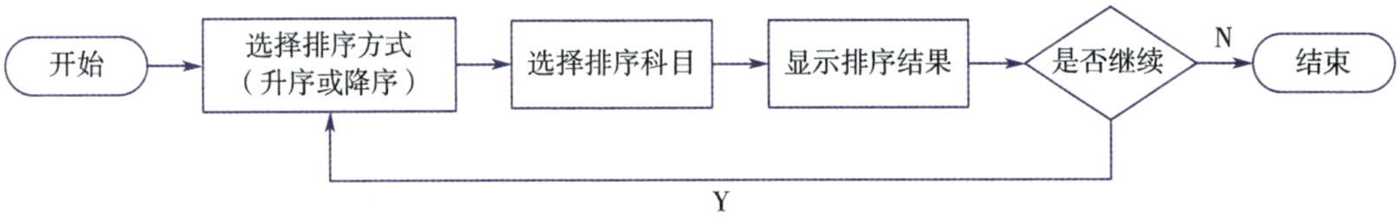

图 1.38 学生成绩排序业务流程

定义排序函数 sort()实现学生成绩的排序功能,它是一个无参无返回值函数,采用循环嵌套结构,具体实现如下。

```
def sort():
    show()   # 显示全部学生信息
    student_new = []
    for list in stuInfo.keys():
        student_new.append(stuInfo[list])   # 将转换后的字典添加到列表中
```

```
    ascORdesc = input("请选择(0 升序;1 降序):")
    if ascORdesc == "0":  # 按升序排序
        ascORdescBool = False             # 标记变量,为 False 表示升序排序
    elif ascORdesc == "1":  # 按降序排序
        ascORdescBool = True              # 标记变量,为 True 表示降序排序
    else:
        print("您的输入有误,请重新输入!")
        sort()
    mode = input("请选择排序方式(1 按数学成绩排序;2 按 Python 成绩排序;3 按体育成绩排序;
0 按总成绩排序):")
    if mode == "1":  # 按数学成绩排序
        student_new.sort(key=lambda x: x["math"], reverse=ascORdescBool)
    elif mode == "2":  # 按 Python 成绩排序
        student_new.sort(key=lambda x: x["python"], reverse=ascORdescBool)
    elif mode == "3":  # 按体育成绩排序
        student_new.sort(key=lambda x: x["PE"], reverse=ascORdescBool)
    elif mode == "0":  # 按总成绩排序
        student_new.sort(key=lambda x: x["math"] + x["python"] + x["PE"], reverse=
ascORdescBool)
    else:
        print("您的输入有误,请重新输入!")
        sort()
    show_student(student_new)  # 显示排序结果
    mark = input("是否继续排序?(y/n):")
    ifmark == "y":
        sort()  # 重新执行排序操作
```

1.3.6　定义学生成绩统计函数——statistics()

学生成绩统计主要统计每个科目 90~100 分、80~90 分、70~80 分、60~70 分、60 分以下五个分数段学生的人数和比例,并根据选定的科目显示具体内容。

学生成绩统计业务流程如图 1.39 所示。

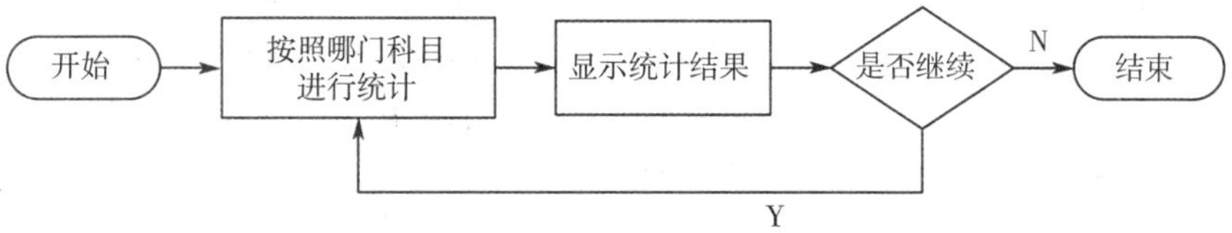

图 1.39　学生成绩统计业务流程

定义函数 statistics( ) 实现学生成绩的统计功能，它是一个无参无返回值函数，采用循环嵌套结构，具体实现如下。

```
def statistics():
    while 1:
        numStu=len(stuInfo)
        _9,_8,_7,_6,_=[0,0,0,0,0] #计算每个分段的人数
        mode=input("要查看什么分数的统计( 1.数学 2.Python 3.体育):")
        subject='' #定义科目变量 subject
        if mode == '1':
            subject='math'
        elif mode == '2':
            subject='python'
        elif mode == '3':
            subject='PE'
        else:
            print('对不起,没有这个选项,请重新输入!')
            continue
        for lst in stuInfo.keys():
                if stuInfo[lst][subject]>=90:
                    _9+=1#统计 90 分及以上的人数
                elif stuInfo[lst][subject]>=80:
                    _8+=1#统计 80 分及以上且小于 90 分的人数
                elif stuInfo[lst][subject]>=70:
                    _7+=1#统计 70 分及以上且小于 80 分的人数
                elif stuInfo[lst][subject]>=60:
                    _6+=1#统计 60 分及以上且小于 70 分
                else:
                    _+=1#统计 60 分以下的人数
        print(subject+" 的成绩统计如下:")
        print("一共有 %d 名学生!" % numStu)
        print("90~100 分 {} 人,占总人数的 {}%%".format(_9,_9/numStu*100))
        print("80~90 分 {} 人,占总人数的 {}%%".format(_8,_8/numStu*100))
        print("70~80 分 {} 人,占总人数的 {}%%".format(_7,_7/numStu*100))
        print("60~70 分 {} 人,占总人数的 {}%%".format(_6,_6/numStu*100))
        print("60 分以下 {} 人,占总人数的 {}%%".format(_,_/numStu*100))
        mark = input("是否继续统计?(y/n):")
        if mark == "y":
            statistics()  # 重新执行排序操作
```

1.4　典型工作环节 4：软件测试

软件测试的经典定义是在规定的条件下对程序进行操作，以发现程序错误，衡量软件质量，并对其能否满足设计要求进行评估的过程。换句话说，软件测试是一种实际输出与预期输出之间的审核或者比较过程。软件测试的方法很多，包括静态测试、动态测试、黑盒测试、白盒测试，本项目体量较小，将采取白盒测试检查编码的正确性、合理性。白盒测试又称结构测试、透明盒测试、逻辑驱动测试或基于代码的测试。白盒测试是一种测试用例设计方法，“盒子”指被测试的软件，“白盒”指“盒子”是可视的，即清楚“盒子”内部的东西以及里面是如何运作的。在进行白盒测试时，测试者必须检查程序的内部结构，从检查程序的逻辑着手，得出测试数据。

1. 测试录入功能

若进入录入功能，学生的数学成绩输入文字也能显示，如图 1.40 所示。

```
╔--------学生信息管理系统--------╗
|                                 |
| =============== *功能菜单*================ |
|                                 |
|   1 录入学生成绩                 |
|   2 查找学生成绩                 |
|   3 删除学生成绩                 |
|   4 修改学生成绩                 |
|   5 成绩排序                     |
|   6 统计成绩                     |
|   7 显示所有学生成绩             |
|   0 退出系统                     |
| ========================================== |
| 说明：通过数字选择菜单            |
╚---------------------------------╝

请选择：1
请输入ID（如 1001）：1001
请输入名字：张三
请输入数学成绩：数学
```

图 1.40　成绩显示

分析出现以上情况的原因在于如下代码段未把 math 定义为整型。

```
try:
    math = input("请输入数学成绩:")
```

可进行如下修改。

```
try:
    math = int(input("请输入数学成绩:"))
```

2. 测试查找功能

若一次查找完成后，继续提示输入查找条件，不知道如何跳出查找功能，如图 1.41 所示。

```
|                                              |
|   1 录入学生成绩                             |
|   2 查找学生成绩                             |
|   3 删除学生成绩                             |
|   4 修改学生成绩                             |
|   5 成绩排序                                 |
|   6 统计成绩                                 |
|   7 显示所有学生成绩                         |
|   0 退出系统                                 |
|  ============================================|
|  说明：通过数字选择菜单                      |
└ - - - - - - - - - - - - - - - - - - - - - - ┘

请选择：2
按ID查输入1；按姓名查输入2：1
请输入学生ID：1001
  ID      名字      数学成绩    Python成绩    体育成绩         总成绩
 1001     张三        80           40             70              190
按ID查输入1；按姓名查输入2：
```

图 1.41　查找功能测试

找到查找功能对应代码段，分析出现以上情况的原因在于未定义结束或者继续查询的标志，故可在代码最后添加一段语句如下。

```
inputMark = input("是否继续查询？(y/n):")
if inputMark == "y":
            mark = True
        else:
            mark = False
```

其他功能测试未出现异常，得到测试记录表（表 1.7）。

表 1.7　学生成绩管理系统测试记录表

序号	测试内容	预期结果	实测结果	备注
1	测试录入成绩功能	成绩为 int 型才可输入	输入为字符串型时也可显示	
2	测试查找成绩功能	输入完一次查找信息并返回结果后，应跳出本次查找	未能跳出，继续查找	

1.5 典型工作环节5：文档编写

在编码、测试、打包功能完成后,需要将可执行程序交付给用户,附上必要的用户手册、安装手册,便于用户使用。本项目比较简单,只需要编写一个简单的用户手册即可,具体步骤如下。

步骤1:单击 studentsystem. exe,进入如图1.42所示的系统主界面。在该界面中输入数字0~7可以选择要使用功能对应的菜单进行不同的操作。

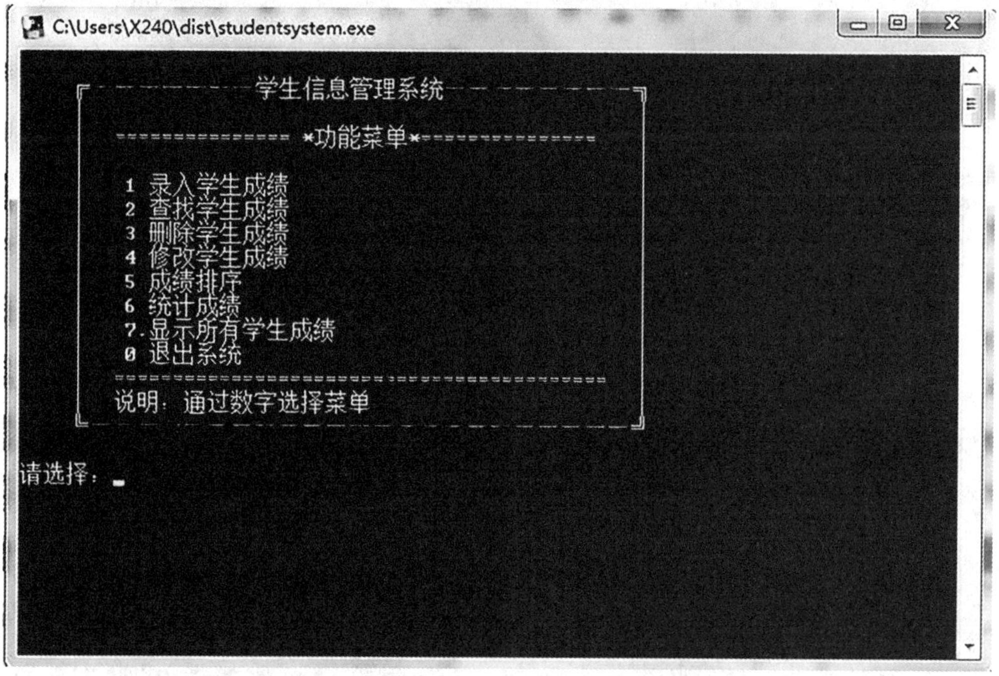

图1.42 系统主界面

步骤2:录入学生成绩。在功能菜单上输入功能编号1,并按下“Enter”键,将分别提示输入ID、名字、数学成绩、Python成绩和体育成绩,输入正确的信息后,系统会提示是否继续添加。输入“y”,可继续添加;输入“n”,则将录入学生信息保存起来,并返回到主界面。如图1.43所示。

步骤3:查找学生成绩。在功能菜单上输入功能编号2,并且按下“Enter”键,系统将提示用户按ID查询还是按姓名查询,如果输入1,则需输入学生ID,系统根据ID查找该学生信息,如果找到则显示,否则显示“对不起,没有此学生”。最后提示是否继续查找,输入“y”,系统将再次提示用户选择查找方式;输入“n”,则退出查找学生信息功能。如图1.44所示。

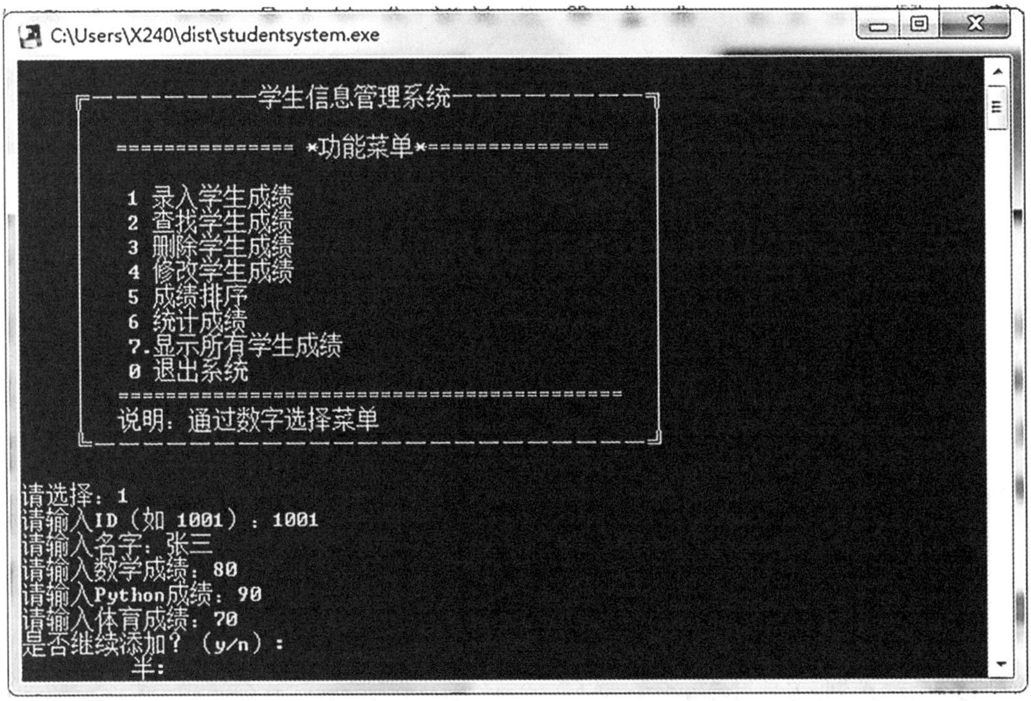

图 1.43　录入学生成绩

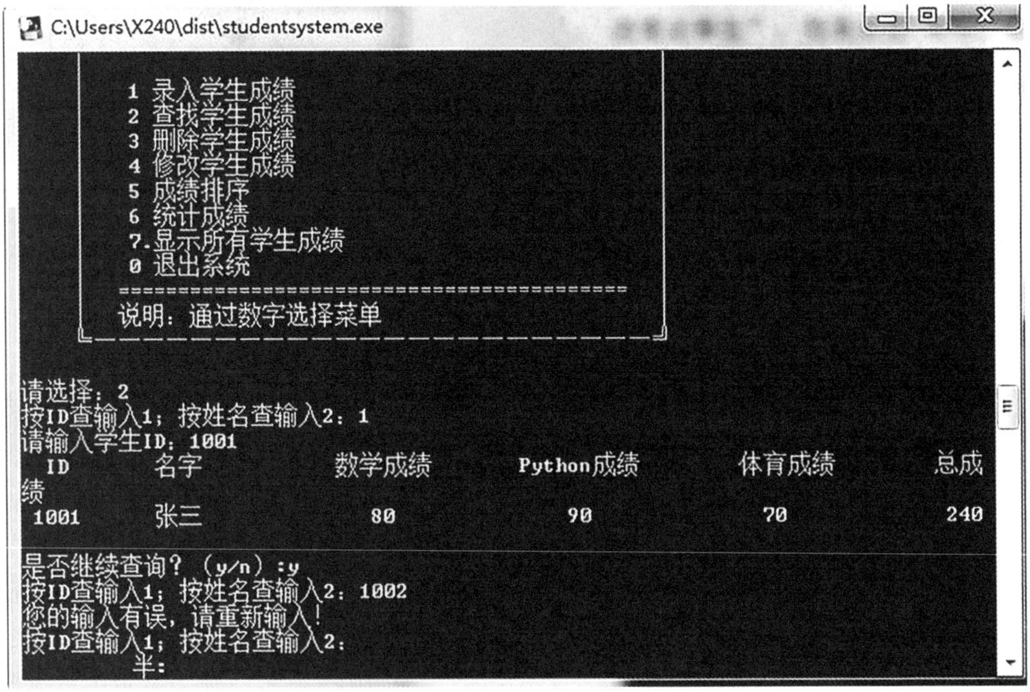

图 1.44　通过学生 ID 查找学生成绩

步骤4:删除学生成绩。在功能菜单上输入功能编号3,并且按下“Enter”键,按照提示输入学生ID后,系统会直接删除该学生信息;如果ID不存在,提示“没有找到ID为 * * * * 的学生信息,是否继续删除”,输入“y”,系统将会再次提示用户输入要删除的学生编号;输入“n”,则退出删除功能。如图1.45所示。

图1.45　删除学生成绩

步骤5:修改学生成绩。在功能菜单上输入功能编号4,并且按下“Enter”键,系统首先显示全部学生信息列表,再提示输入要修改学生的ID,输入相应的学生ID后,查找相应学生,如果找到,则提示修改相应的信息,否则不修改。最后提示是否继续修改,输入“y”,系统将会再次提示用户输入要修改的ID;输入“n”,则退出修改功能。如图1.46所示。

步骤6:成绩排序。在功能菜单上输入功能编号5,并且按下“Enter”键,系统将先显示不排序的全部学生信息,然后提示选择排序方式,这里输入1,再选择降序排列“1”,将对学生信息按数学成绩降序排列并显示。最后提示是否继续排序,输入“y”,系统将会再次提示用户输入要排序的方式;输入“n”,则退出排序功能。如图1.47所示。

步骤7:统计成绩。在功能菜单上选择“6 统计成绩”,并按下“Enter”键,系统提示要看什么科目的统计,输入1则按照数学成绩统计,此时会显示每个分段的人数及比例。最后提示是否继续统计,输入“y”,系统将会再次提示用户输入要统计的科目;输入“n”,则退出排序功能。如图1.48所示。

步骤8:显示所有学生成绩。在功能菜单上选择“7 显示所有学生成绩”菜单项,并且按下“Enter”键,系统将获取并显示全部学生信息。

步骤9:退出系统。在功能菜单上输入功能编号0,并且按下“Enter”键即可退出系统。

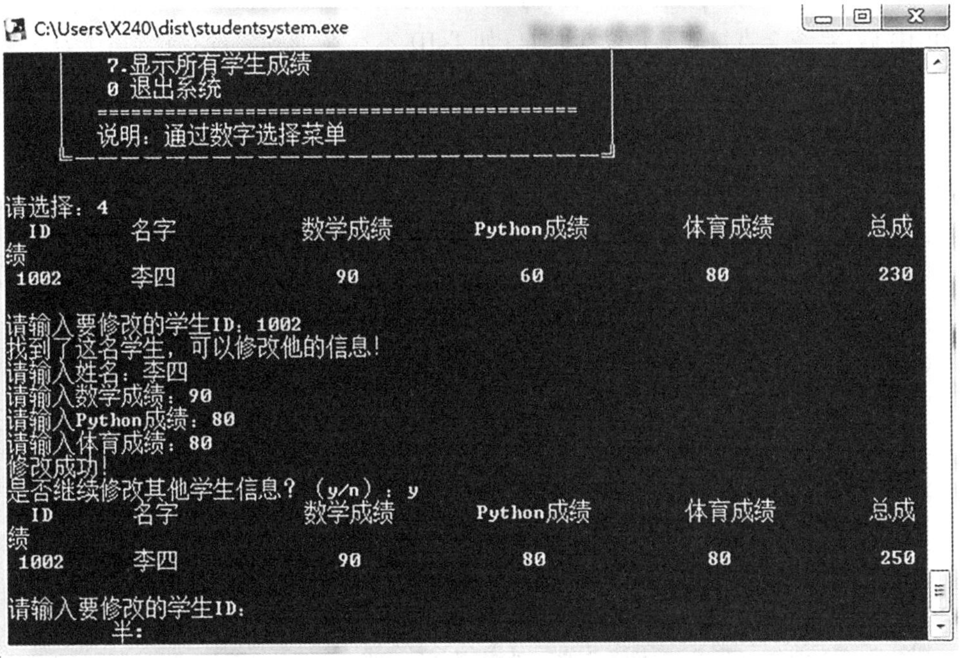

图 1.46　修改学生成绩

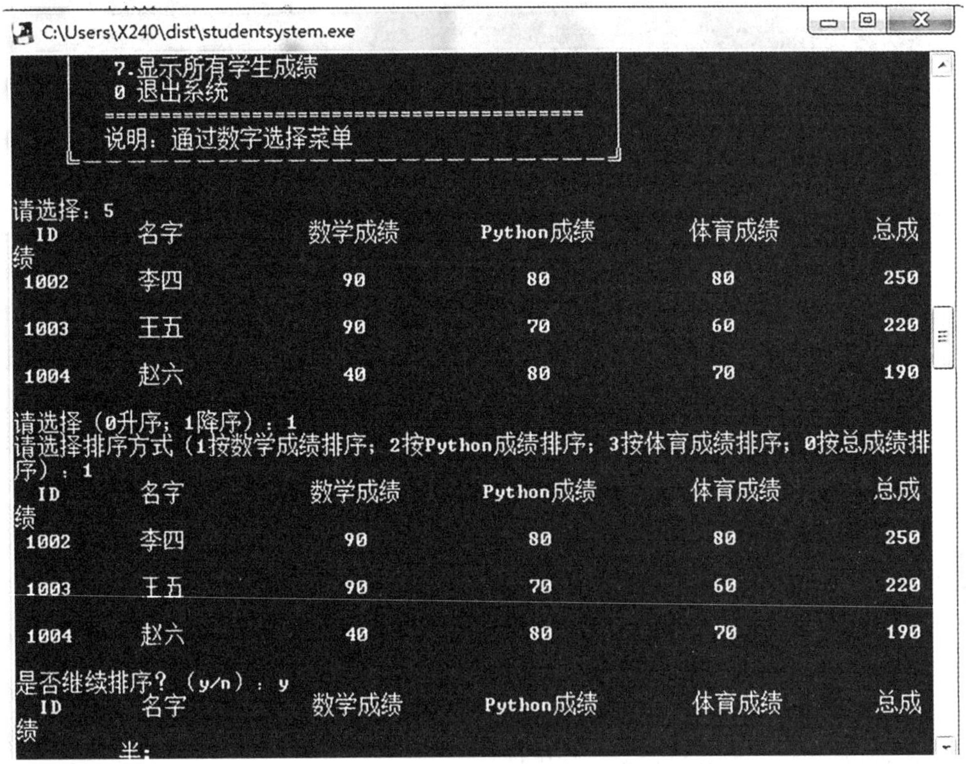

图 1.47　成绩排序

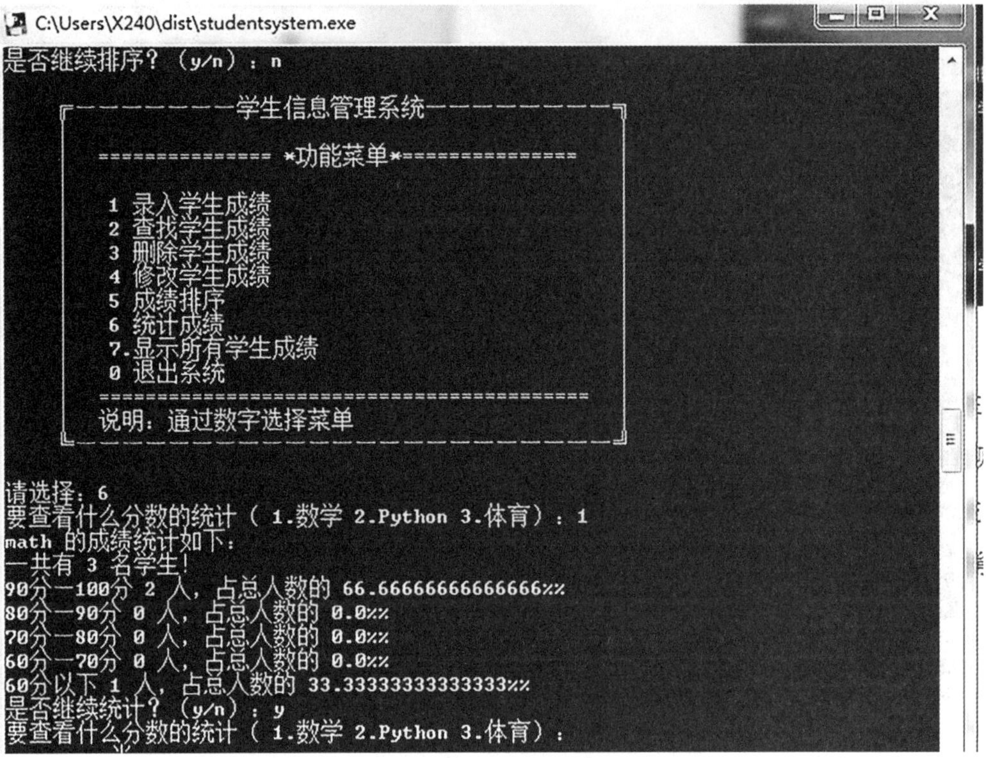

图1.48　学生成绩统计

1.6　典型工作环节6：程序交付

为了提高可用性，Python 项目编写完成后，可以将其打包成.exe 可执行文件，这样即使计算机不安装 Python 环境也可以运行。实现打包.exe 可执行文件时，需要使用 PyInstaller 模块，该模块是第三方模块，需要单独安装。PyInstaller 模块支持多种操作系统，如 Windows、Linux、Mac OS X 等，但不支持跨平台，即，在 Windows 操作系统下打包的.exe 可执行文件不能在非 Windows 环境下运行，下面以 Windows 操作系统为例，介绍打包过程。

步骤1：安装 PyInstaller。在"命令提示符"窗口中输入"pip install pyinstaller"命令进行安装，安装成功界面如图1.49所示。

步骤2：打包.py 文件。PyInstaller 模块安装完毕后，在"命令提示符"窗口中输入：pyinstaller-F.py 文件的绝对路径，如图1.50所示，打包完成后生成如图1.51所示的.exe 可执行文件。

步骤3：运行.exe 文件。找到文件保存目录，双击 studentsystem.exe 文件，开始运行本项目，效果如图1.52所示。

步骤4：程序交付。把可执行文件、学生成绩管理系统用户手册存放在一个文件夹中，就可以分发给用户使用了。

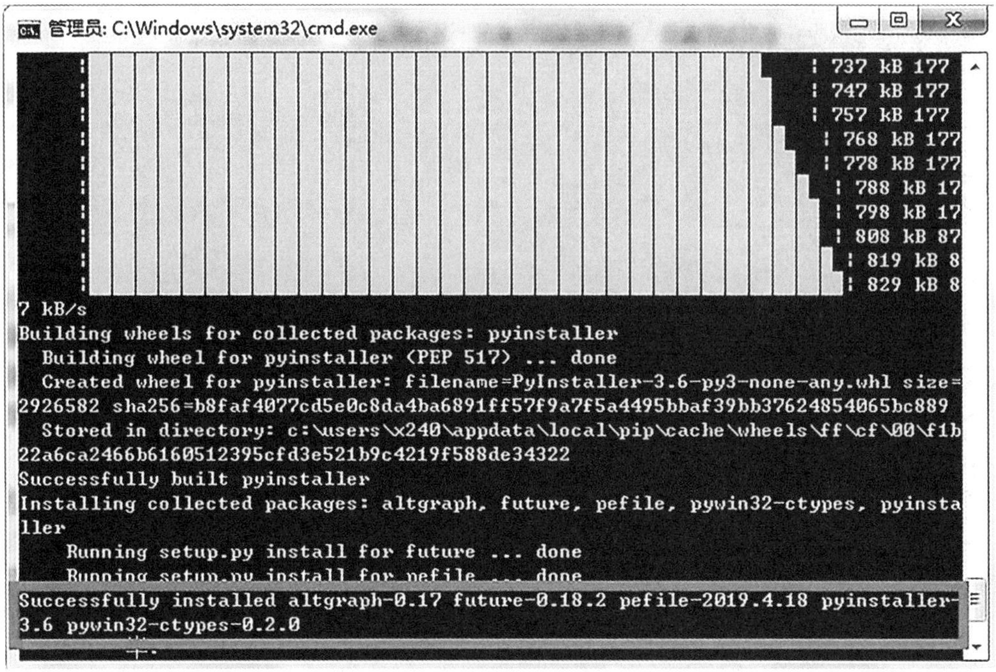

图 1.49　PyInstaller 安装成功界面

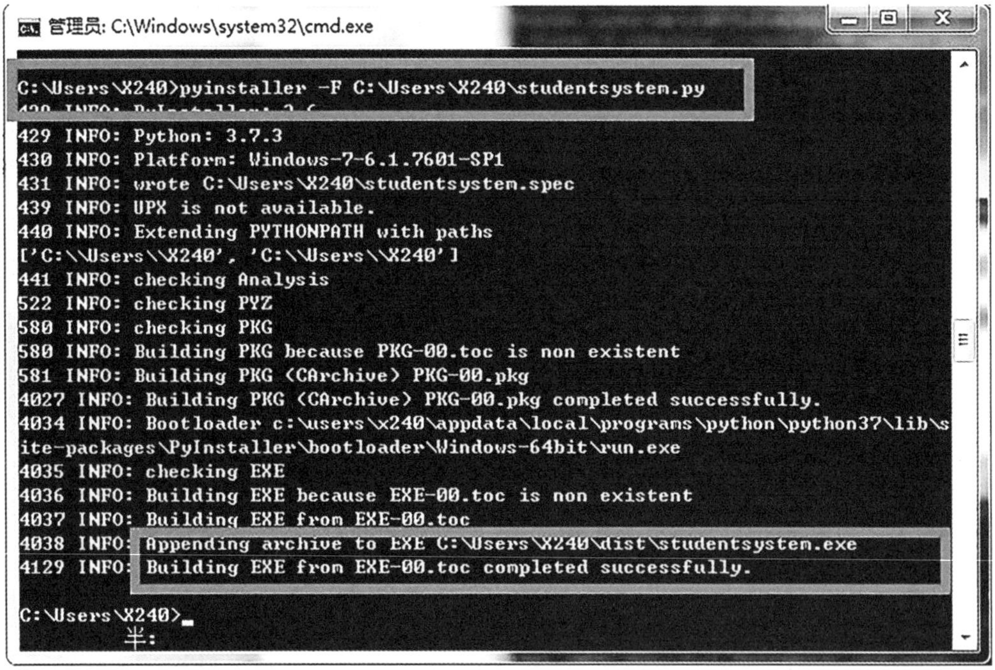

图 1.50　打包. py 文件

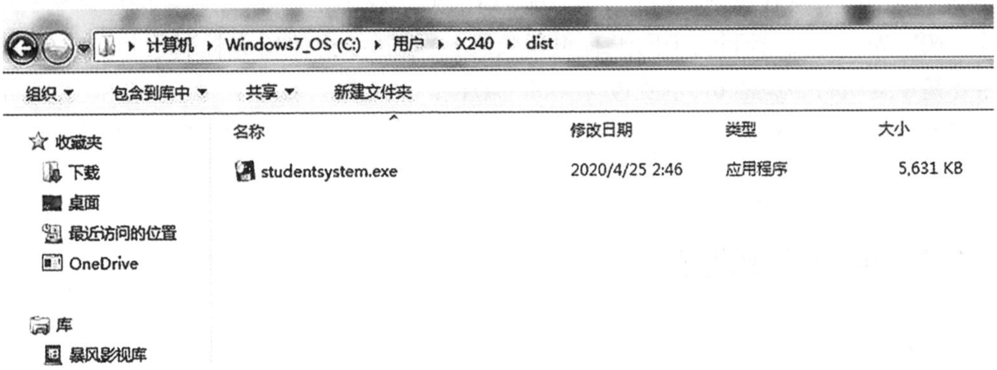

图 1.51　打包好的.exe 可执行文件

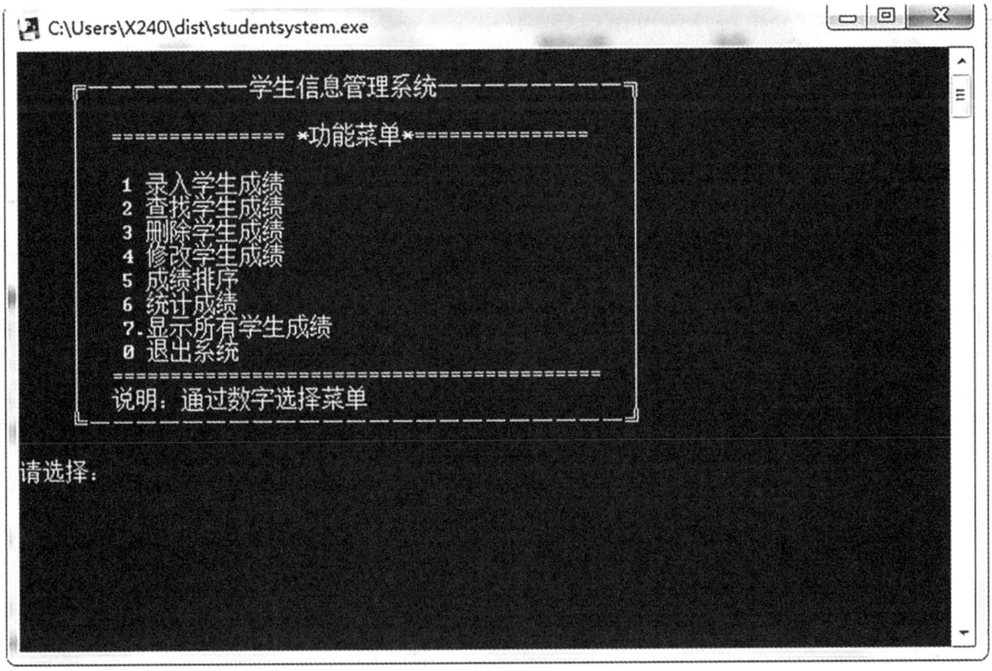

图 1.52　.exe 可执行文件运行效果

1.7　项目总结

（1）Python 是一门解释性语言，在运行时需要依赖 Python 解释器。

（2）PyCharm 是 JetBrains 公司开发的 Python 集成环境，具备调试、语法高亮、项目管理、智能提示等便于开发和写代码的功能。

（3）掌握 Python 的语法基础，常见数据类型、变量、运算符的应用。

(4) Python 中流程控制结构主要包括顺序结构、选择结构、循环结构。顺序结构程序从上往下按顺序执行每条语句,中间没有判断或跳转;选择结构使用 if 控制语句实现;循环结构主要是重复执行一组语句,主要包含 while 循环和 for 循环。

(5) 无参无返回值函数是函数应用中最基本的一种,return 后不接任何表达式。

1.8 单项技能训练

一、选择题

1. 关于 Python 语言的注释,以下选项中描述错误的是(　　)。

A. Python 语言的单行注释以#开头

B. Python 语言的单行注释以单引号' 开头

C. Python 语言的多行注释以'''(三个单引号)开头和结尾

D. Python 语言有两种注释方式:单行注释和多行注释

2. 以下选项中不符合 Python 语言变量命名规则的是(　　)。

A. I　　B. 3_1　　C. _AI　　D. TempStr

3. 表达式 1001 == 0x3e7 的结果是(　　)。

A. false　　B. False　　C. true　　D. True

4. 下面代码的输出结果是 (　　)。

```
x = 12.34
print(type(x))
```

A. <class 'int'>　　B. <class 'float'>

C. <class 'bool'>　　D. <class 'complex'>

5. 以下选项中,不是 Python 保留字的选项是(　　)。

A. del　　B. pass

C. not　　D. string

6. 以下关于循环结构的描述,错误的是(　　)。

A. 遍历循环使用 for <循环变量> in <循环结构>语句,其中循环结构不能是文件

B. 使用 range()函数可以指定 for 循环的次数

C. for i in range(5)表示循环 5 次,i 的值是从 0 到 4

D. 用字符串做循环结构的时候,循环的次数是字符串的长度

7. 关于 Python 的分支结构,以下选项中描述错误的是(　　)。

A. 分支结构使用 if 保留字

B. Python 中 if... else 语句用来形成二分支结构

C. Python 中 if... elif... else 语句描述多分支结构

D. 分支结构可以向已经执行过的语句部分跳转

8. 执行以下程序，输入“93python22”，输出结果是(　　)。

```
w = input('请输入数字和字母构成的字符串:')
for x in w:
    if '0' <= x <= '9':
        continue
    else:
        w.replace(x,'')
print(w)
```

A. python9322　　B. python

C. 93python22　　D. 9322

9. 执行以下程序，输入“la”，输出结果是(　　)。

```
la = 'python'
try:
    s = eval(input('请输入整数:'))
    ls = s * 2
    print(ls)
except:
    print('请输入整数')
```

A. la　　B. 请输入整数

C. pythonpython　　D. python

10. 执行以下程序，输入“qp”，输出结果是(　　)。

```
k = 0
while True:
    s = input('请输入 q 退出:')
    if s == 'q':
        k += 1
        continue
    else:
        k += 2
        break
print(k)
```

A. 2　　B. 请输入 q 退出:

C. 3　　D. 1

二、填空题

1. 已知 x=3 和 y=6，执行语句 x, y = y, x 后 x 的值是________。

2. Python 运算符中用来计算整商的是________。

3. 表达式 3 | 5 的值为________。

4. 表达式 4 ** 2 的值为________。

5. 表达式 4 ＊＊ 2 的值为________。

6. 表达式 3 << 2 的值为________。

7. 表达式 65 >> 1 的值为________。

8. 表达式 int(4＊＊0.5) 的值为________。

9. 已知 x =2,那么执行语句 x += 7 之后,x 的值为________。

10. 假设 n 为整数,那么表达式 n&1 == n%2 的值为________。

11. 在循环语句中,________语句的作用是提前结束本层循环。

12. 在循环语句中,________语句的作用是提前进入下一次循环。

13. 对于带有 else 子句的 for 循环和 while 循环,当循环因循环条件不成立而自然结束时________(会? 不会?)执行 else 中的代码。

14. 列表、元组、字符串是 Python 的________(有序? 无序?)序列。

三、编程题

1. 使用 while 循环求 1~100 内所有奇数的平均数。

2. 用 while 循环求除以三余二,除以五余三,除以七余二的数。

3. 如果购买了一张彩票,中奖号码已经公布,是“628735”,请根据输入彩票的号码判断是否中奖,要求用 if…else 语句实现。

1.9 实战演练

实训 1:猜数字游戏

随机生成一个 1~20 之间(包括 1 和 20)的数字作为选定数,玩家每次通过键盘输入一个数字,如果输入的数字和选定数相同,则过关,否则根据提示重新输入,如果用户输入 0,则表示退出游戏。效果如图 1.53 所示。

```
-------猜数字游戏-------

请输入1-20之间的任意一个数:
12
太大了,请重新输入:
9
太小了,请重新输入:
10
恭喜你,答对了,猜中的数字是: 10

--------游戏结束--------
```

图 1.53 猜数字游戏

实训 2:模拟 10086 查询功能

用户通过键盘输入数字,查询相应信息。

输入 1,显示当前余额;

输入 2,显示当前剩余流量;

输入 3,显示当前剩余通话;

输入 4,显示当前短信剩余量;

输入 0,退出自助查询系统。

效果如图 1.54 所示。

```
-------10086查询功能-------

输入1，查询当前余额
输入2，查询当前剩余流量
输入3，查询当前剩余通话
输入4，查询当前短信剩余量
输入0，退出自助查询系统!
1
当前余额为：100元
2
当前剩余流量为：6G
3
当前剩余通话为：30分钟
4
当前短信剩余量为：55条
0
退出自助查询系统!
```

图 1.54　模拟 10086 查询功能

小提示

与项目 1 的实战演练相配套使用表单详见工作任务单 1。

项目 2 投票系统

项目概述

李慧是一名软件技术专业的学生，在班级担任班长。在日常辅助老师进行班级管理时，经常需要投票，如班干部选举投票、优秀学生选举投票等，以往每次都采取传统的纸质选票计票方式，非常耗时，且经常出错。学习了 Python 后，李慧想到可以自行开发一个投票系统，实现相关需求。

项目 2 将采用 Python 语言里的列表、元组、字典等数据结构，使用顺序、选择、循环等语句开发一个投票系统，该系统能通过函数实现添加投票候选人、管理投票候选人、为候选人投票、投票统计等功能，让投票、计票、评选过程更加公平透明，同时也给李慧的日常工作提供便利。

学习目标

(1) 掌握常用数据结构列表、元组、字典的应用；
(2) 掌握选择和循环语句的灵活使用；
(3) 掌握函数的定义和调用；
(4) 掌握程序的流程设计和带参数和返回值函数的应用；
(5) 体验如何选择合适的数据结构进行信息存储；
(6) 体验如何使用函数来提高开发效率和程序的可用性；
(7) 体验如何进行系统的整体设计。

2.1 典型工作环节 1：需求分析

为满足李慧对班级日常投票工作进行需求分析，投票系统应具有以下功能。

（1）管理候选人：添加候选人、修改候选人、删除候选人。

（2）管理投票：为候选人投票、删除投票、清空所有投票。

（3）统计投票：汇总候选人票数。

（4）退出投票系统。

2.2　典型工作环节 2：系统设计

2.2.1　系统功能设计

投票系统分为 4 大功能模块：管理候选人、管理投票、统计投票、退出系统，如图 2.1 所示。

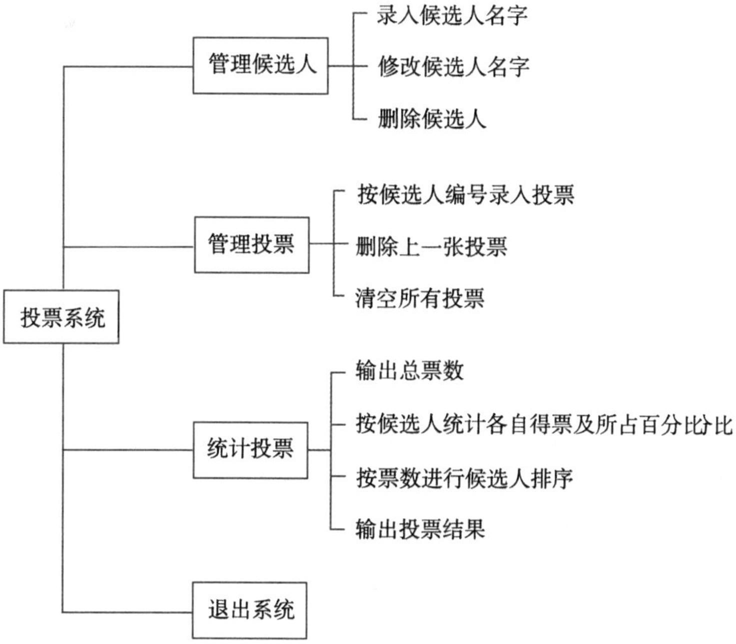

图 2.1　系统功能结构

2.2.2　系统业务流程

投票系统根据对投票流程分析，可分为系统启动、投票、统计投票、投票结果公示这 4 个步骤。根据投票系统的需求分析及功能结构，设计如图 2.2 所示的系统业务流程。

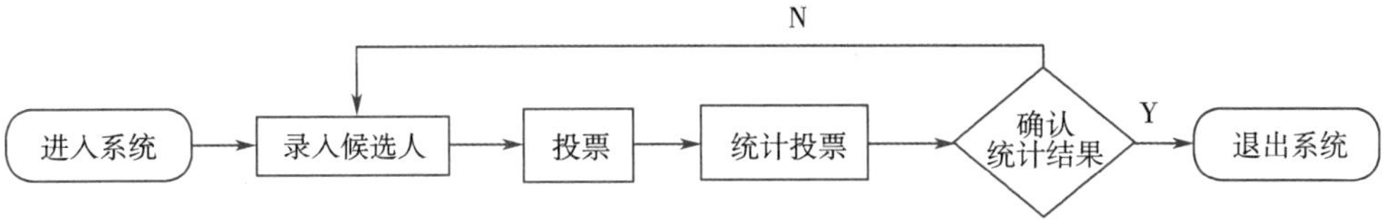

图 2.2　系统业务流程

2.2.3　系统开发环境

本系统开发及运行环境如下。

（1）操作系统：Windows7 或以上。

（2）Python 版本：Python3.7。

（3）开发工具：PyCharm。

2.3　典型工作环节 3：软件编码

2.3.1　主要函数设计

在编码中经常会在不同的地方使用同样的代码逻辑，为了提高效率，可以把一些公用的、具有相同代码逻辑的编码写成自定义函数。函数是 Python 结构的基本组成单元，可以让功能实现更加清晰灵活，提高应用的模块性和代码的重复利用率。

在投票系统中，需要实现 3 个主要功能：添加候选人、投票给候选人、统计投票结果。在投票结束后需要按照每个候选人所得票数进行排序，公示投票结果，为了操作方便，给用户提供一个菜单进行功能选择，所以一共需要定义以下 6 个函数来完成，函数及功能描述如表 2.1 所示。

表 2.1　菜单中的数字所对应功能表

编号	功能函数	功能描述
1	add_candidates( )	添加候选人
2	vote(vote_list)	为候选人投票
3	counter(vote_name)	统计票数
4	sort_by_value(dic,top)	按票数对候选人排序
5	describe(dic)	公示投票结果
6	mainmenu( )	菜单函数，显示投票系统菜单

2.3.2　自定义菜单函数 mainmenu( )

在 1.3.2.2 节中对自定义函数进行了说明，函数的参数和返回值都是可选的，最简单的函数是无参无返回值的函数，例如菜单函数，如图 2.3 所示。

```
------------------------------------------------
            欢迎使用在线投票系统
------------------------------------------------
                1.添加候选人
                2.投票给候选人
                3.统计结果
                4.退出系统
------------------------------------------------
说明:请输入数字键选择菜单
------------------------------------------------
请输入您要进行的操作：1
```

图 2.3　功能菜单显示

菜单函数业务流程如图 2.4 所示。

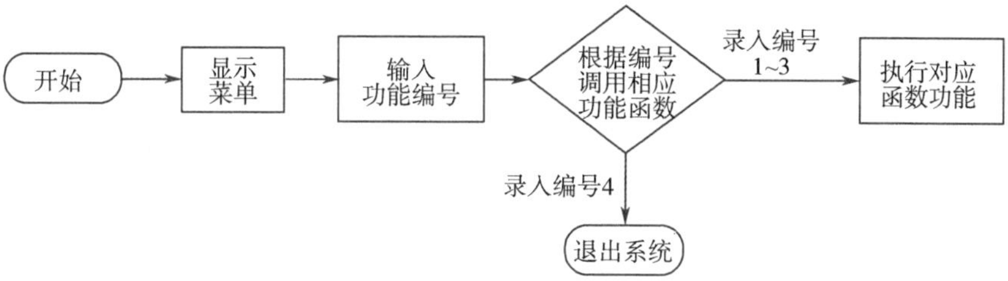

图 2.4　菜单函数业务流程

投票系统中的菜单函数主要功能是菜单显示和功能选择，所有函数既无参数也无返回值，其定义如下。

```
def mainmenu():
'''
功能:显示投票系统菜单,接受用户输入功能代码,调用相关功能函数
该函数无参数无返回值
'''
while True:
    print("""
                ------------------------------------------------
                            欢迎使用在线投票系统
                ------------------------------------------------
```

```
                        1. 添加候选人
                        2. 投票给候选人
                        3. 统计结果
                        4. 退出系统
                  -------------------------------------------------
                        说明:请输入数字键选择菜单
                  -------------------------------------------------""")
    choice=input("          请输入您要进行的操作:")
    if choice == "1":#调用添加候选人函数
        pass   #占位符,等功能函数确定后,替换为调用添加候选人函数
    elif choice == "2":#调用投票函数
        pass #占位符,等功能函数确定后,替换为调用投票函数
    elif choice == "3":#调用计票函数
        pass #占位符,等功能函数确定后,替换为调用计票函数
    elif choice == "4":
        print("退出系统!")
      break;
    else:  #输入编号不是 1-4
        print("        输入非法,请重新输入!")
        time.sleep(3) #暂停 3 秒
```

可以看到,def mainmenu()函数名后小括号里没有参数,且函数体内没有 return 语句,所以这是一个无参无返回值的函数。

2.3.3 自定义公布投票结果函数 describe(dic)

无参函数在使用时局限性较大,很多时候是需要在调用函数的时候向函数内传递数据,这时就需要自定义有参函数。各候选人投票信息存储在字典中,按照(姓名:票数)的键值对存储,现需要按照如图 2.5 所示的格式输出计票结果。

```
总票数22
目前投票数第1名是刘军,票数为9,占总票数40.91%
目前投票数第2名是田宇,票数为6,占总票数27.27%
目前投票数第3名是李明,票数为4,占总票数18.18%
```

图 2.5　投票结果功能运行效果

在定义函数输出统计结果时,需要已知的条件是各位候选人的得票情况,所以应当把保存了所有候选人和票数信息的字典作为参数,函数编码如下。

```
def describe(dic):#输出投票结果
    sum_votes=sum([v for v in dic.values()])#计算总票数
    if len(dic)==0:
        mean_votes="        没有投票,无法计算总票数"
    else:
        print("        总票数{}".format(sum_votes))
    final=sort_by_value(dic)#调用函数按票数进行降序排序
    for index,i in enumerate(final):
    '''enumerate()函数用于将一个可遍历的数据对象(如列表、元组或字符串)组合为一个索引序列,同时列出数据和数据下标,一般用在 for 循环当中。'''
        print("        目前投票数第{}名是{},票数为{},占总票数{:.2f}%".format(index+1,i[0],i[1],int(i[1])*100/sum_votes))
```

注意:函数中参数 dic 为保存候选人及票数的字典,在函数内部直接输出了票数统计结果,该函数无返回值。

2.3.4 自定义添加候选人函数 add_candidates( )

通过输入名字实现添加候选人时,候选人不能出现同名。所有候选人名字存入列表中,当输入“finish”时,名字输入结束;当输入“delete”时,删除所输入的候选人,如果未选定,则删除上一个候选人;当输入“clear”时,清空所有候选人。运行效果如图 2.6 所示。

```
请输入候选人: 刘明
添加候选人成功
当前候选人名单为李刚, 刘明
请输入候选人: 李刚
李刚已在候选人中!
当前候选人名单为李刚, 刘明
请输入候选人: 田宇
添加候选人成功
当前候选人名单为李刚, 刘明, 田宇
请输入候选人: 曾强
添加候选人成功
当前候选人名单为李刚, 刘明, 田宇, 曾强
请输入候选人: delete
当前候选人名单为李刚, 刘明, 田宇
请输入候选人: finish
本次候选人名单1. 李刚, 2. 刘明, 3. 田宇
```

图 2.6　添加候选人功能运行效果

添加候选人函数业务流程如图 2.7 所示。

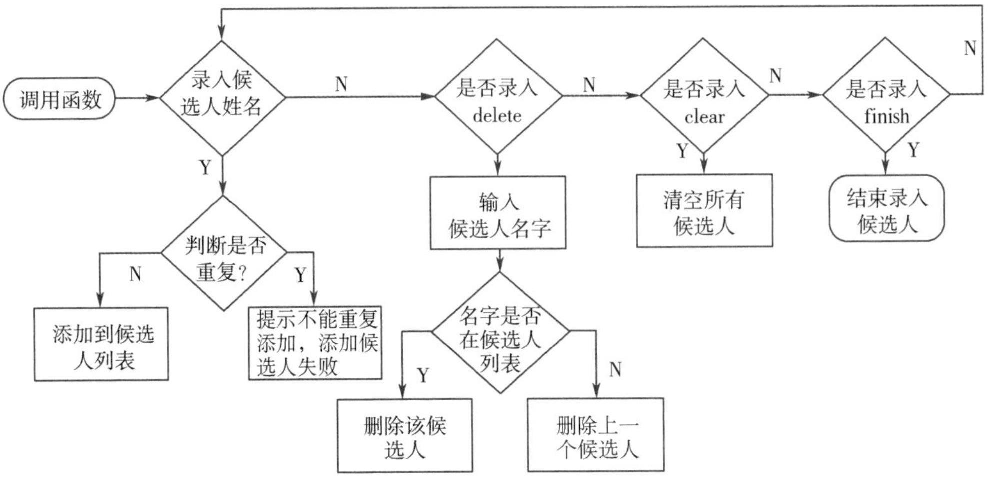

图 2.7　添加候选人函数业务流程

在添加候选人时，需要将存储候选人姓名的列表传回，所以该函数是一个无参有返回值的函数，函数定义如下。

```
def add_candidates():#添加候选人
    print("            说明:
            1. 输入"finish"代表输入候选人结束
            2. 输入"delete"代表删除上一个候选人
            3. 输入"clear"代表删除所有候选人
    ")
    vote_list=[]
    while True:
        candidate=input("请输入候选人:")
        if candidate=="finish":
            if len(vote_list)!=0:
                break
            else:
                print("请先添加候选人")
        elif candidate=="delete":#按名字删除候选人
            delname=input("请输入删除候选人的名字")
            if len(vote_list)>0:
                for index in range(len(vote_list)):
                    if vote_list[index].strip()==delname.strip():
                        del vote_list[index]
                        break
```

```
            else:
                del vote_list[-1]
                continue
        elif candidate == "clear":
            vote_list.clear()
        else:
            if candidate not in vote_list:#如果候选人不在列表中
                vote_list.append(candidate)
                print('添加候选人成功')
            else:
                print(candidate+"已在候选人中!")#候选人已经存在
        hxr_name=','.join(vote_list)
        print('当前候选人名单为{}'.format(hxr_name))
    return  vote_list
```

2.3.5 自定义投票功能函数 vote( )

根据投票流程，当候选人添加结束后，有了候选人名字列表，接下来应该进入投票环节。给候选人投票有两种方式，一个是输入候选人名字，另一个是输入候选人编号，当输入“stop”时投票结束。在投票过程中需要记录每一张选票(名字或编号)，如图 2.8 所示。

```
当前候选人名单如下:
编号1: 李刚
编号2: 刘明
编号3: 田宇
说明: 输入stop结束投票!
投票给: 1
给李刚投票成功
投票给: 刘明
给刘明投票成功
投票给: 3
给田宇投票成功
投票给: stop
```

图 2.8　投票功能运行效果

投票业务流程如图 2.9 所示。

根据函数功能，该函数需要一个参数用于表示候选人名字列表 vote_list，需要使用列表

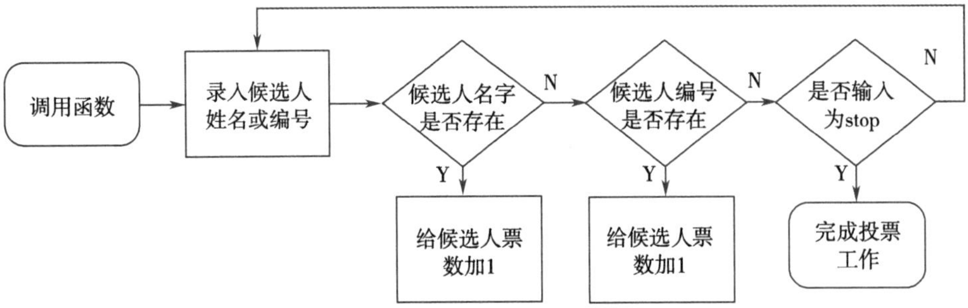

图 2.9　投票业务流程

vote_name 保存所有投票名字，若输入候选人编号，在保存到列表时也是保存的编号对应的名字。该函数需要返回用于计票统计，所以该函数是一个有参有返回值的函数，代码如下。

```
def vote(vote_list):
    '''
    投票函数
    :param vote_list: 列表,存储所有候选人名字
    :return:
    '''
    print("当前候选人名单如下:")
    for i in range(1,len(vote_list)+1):
        print("编号%d:%s"%(i,vote_list[i-1]))
    print("说明:输入 stop 结束投票!")
    vote_name=[]
    while True:
        voting=input("投票给:")
        if voting=='stop':
            break
        elif voting in [str(i) for i in range(1,len(vote_list)+1)]:
            vote_name.append(vote_list[(int)(voting)-1])
            print('给{}投票成功'.
format(vote_list[int(voting)-1]))
        elif voting in vote_list:
            vote_name.append(voting)
            print('给{}投票成功'.format(voting))
        else:
            name=','.join(vote_list)
            print("请给{}其中一个投票".format(name))
    return vote_name #保存所有投票信息
```

2.3.6 自定义统计投票信息函数 counter(vote_name)

根据投票活动流程,投票结束后应进行唱票,并对每个候选人的票数进行统计。公布投票结果时,需要统计总票数,同时按票数将候选人由高到低进行排序,如图 2.10 所示。

```
总票数10
目前投票数第1名是田宇，票数为5
目前投票数第2名是李刚，票数为3
目前投票数第3名是刘明，票数为2
```

图 2.10　计票结果运行效果

计票时,得到计票结果为{(李刚,3),(刘明,2),(田宇,5)},这是一个典型的字典数据结构,所以采用字典保存各候选人投票信息。根据函数功能描述该函数是一个有参有返回值函数,代码如下。

```
def counter(vote_name):#计票
    count_dic={}
    for i in vote_name:
        if i not in count_dic:
            count_dic[i]=1
        else:
            count_dic[i]+=1
    return count_dic
```

2.3.7 自定义排序函数 sort_by_value(dic)

在定义上述函数时,函数名是一个不可缺失的要素。但有的函数,在编码过程中可能只会被用到一次,如果按照函数定义的要求显得比较麻烦,匿名函数可以解决这个问题。匿名函数是指没有名字的函数,主要应用在需要一个函数但又不想去命名这个函数的情景,通常这种函数只使用一次。在 Python 中,使用 lambda 表达式创建匿名函数,语法格式如下。

```
Result=lambda[arg1[,arg2,...[,argn]]]:expression
```

[**参数说明**]

(1) Result:用于调用 lambda 表达式。

(2) [arg1,[arg2,...[,argn]]]:可选参数,用于指定传递的参数列表,多个参数之间用“,”隔开。

（3）expression：必选参数，类似于函数体，用于指定一个实现具体功能的表达式。如果有参数，在表达式中需要应用这些参数。

例 1

定义一个匿名函数求两个数之和。

```
add=lambda a,b:a+b
print(add(3,5))
```

以上程序段输出结果为 8。

例 2

对列表元素按照绝对值从小到大排序。

```
list1 = [3,5,-4,-1,0,-2,-6]
list1=sorted(list1, key=lambda x: abs(x)) #abs()函数功能是求绝对值
print(list1)
```

以上程序段输出结果为：[0, -1, -2, 3, -4, 5, -6]。

对保存在字典里的（候选人名字，票数）以票数为关键字进行从多到少进行排序，并将排序后的序列返回，该函数在 describe(dic) 函数中输出前进行调用，具体查看第 2.3.3 节对该函数如何调用，函数编码如下。

```
def sort_by_value(dic):#排序
    items=dic.items()
    backitems=[[v[0],v[1]]for v in items]
    backitems=sorted(backitems,key=lambda x:x[1],reverse=True)
    return backitems
```

在排序功能函数中，sorted(backitems,key=lambda x:x[1],reverse=True)中定义了匿名函数 lambda x:x[1]，其中返回值 x[1] 是候选人票数，代表以候选人票数作为关键字进行列表排序，reverse=True 代表降序排序。

对第 2.3.2 节的菜单函数进行编码完善，在对应的功能编号后调用相应函数，代码如下。

```
choice=input("          请输入您要进行的操作:")
        if choice == "1":#添加候选人
            vote_name = add_candidates()
            l = [str(i) + '.' + vote_name[i - 1] for i in range(1, len(vote_name) + 1)]
name = ','.join(l)
            print('本次候选人名单{}'.format(name))
        elif choice == "2":#投票
            vote_rusult =vote(vote_name)
        elif choice == "3":#计票
            vote_count =counter(vote_rusult)
```

```
            describe(vote_count)
        elif choice == "4":
            print("退出系统!")
            break;
        else:
            print("        输入非法,请重新输入!")
            time.sleep(3) #暂停 3 秒
```

2.3.8 自定义投票功能模块

在 Python 中,一个扩展名为".py"的文件就称为一个模块。通常情况下,把能够实现某一特定功能的代码放置在一个文件中作为一个模块,从而方便其他程序和脚本导入并使用,使用模块也可以避免函数名和变量名冲突。

项目 1 将所有的代码写到一个.py 文件中,但是随着程序代码不断增多,为体现模块化程序设计思想,需要将一个大的文件分为多个文件,这样能大大提高代码的可维护性。同时,使用模块还能提高代码的重用性。一个模块一旦写好后,其他程序需要该模块功能的,直接导入模块就可以使用。

下面将投票系统中的所有函数放到一个模块中。

步骤 1:新建一个名为"votefunction.py"的文件,将投票系统中的所有函数复制到该 votefunction.py 文件中。创建模块就是创建一个名为"模块名.py"的文件,模块名应尽量不与 Python 自带的标准模块名相同。

步骤 2:新建一个名为"main.py"的文件。将投票系统的其他代码复制到该 main.py 文件中。此时,在 main.py 文件中只剩下一句代码,代表调用菜单函数。

```
mainmenu()
```

经过上面 2 个步骤,就创建好了 2 个模块,实际就是 2 个.py 文件。此时运行 main.py 文件,会出现如下命名错误。

```
NameError: name 'mainmenu' is not defined
```

2.3.9 使用 import 语句导入投票功能模块

创建模块后,可以在其他程序中使用该模块。使用模块前应以模块的形式加载模块中的代码,可以用 import 语句来实现。import 语句的语法格式如下。

```
import module1name[, module2[, module3[... [,moduleN]]]]
```

其中,modulename 是需要导入模块的名称,例如在 main. py 文件中第一行代码位置加入如下语句。

```
import votefunction    #导入 votefunction 模块
votefunction. mainmenu( ) #执行模块中的 mainmenu( )函数
```

如果模块名比较长不容易记住,可以在导入模块时,使用 as 关键字给模块名取一个短的别名,然后就可以通过别名来调用模块中的变量、函数和类。如以上代码可以进行如下修改。

```
import votefunction as vote #设置别名 vote
vote. mainmenu( )     #使用别名调用模块中的函数
```

除了使用 import 导入模块,Python 中使用 from 语句可以让使用者从模块中导入一个指定的部分到当前命名空间中。其语法格式如下。

```
from modulename import name1[ , name2[ , name3[ ... [ , nameN]]]]
```

因为在 main. py 中只需要导入 votefunction 模块中的 mainmenu 函数,以上代码也可以进行如下修改:

```
from votefunction import mainmenu
mainmenu( )     #不需要添加模块名作为前缀
```

2.3.10 使用内置模块 datetime、time

内置模块是安装 Python 后就可以直接使用的模块,通常是一些应用较广的模块,例如文件操作模块、时间模块、日期模块等。表 2. 2 展示了一些常用的内置模块及功能,具体模块的使用方法读者可以在用到的时候查阅相关资料。

表 2. 2　常用模块

模块名	功能
time	为系统提供了各种操作时间的函数
datetime	关于日期的计算方法
random	用于生成随机数,主要为数学计算提供支持
os	提供对操作系统进行调用的接口
shitil	高级的文件、文件夹、压缩包处理模块

time 模块也称为时间的访问和转换模块,是 Python 标准库中最常用的模块之一,为系统提供了各种操作时间的函数。其中 sleep 函数的原型是 time. sleep(secs),其功能为暂停执行调用线程达到给定的秒数。在 mainmenu 菜单函数中,当输入功能编号错误时,将提示非法输入,并暂停 3 秒,代码如下。

```
time. sleep(3) #暂停 3 秒
```

在使用 sleep()函数时，需在 votefunction 模块代码第一行使用 import 导入 time 模块。

```
import time
```

在投票系统运行时，若希望显示当前日期，则在 main. py 文件中按照以下 3 个步骤即可获得当前日期。

(1) 导入库：import datetime。

(2) 获取当前日期和时间：now_time = datetime. datetime. now()。

(3) 格式化日期：strftime()。

修改后的 main. py 文件代码如下。

```
import datetime    #导入内置模块
from votefunction import mainmenu    #导入自定义模块
nowdate=datetime.datetime.now().strftime('%Y-%m-%d')
print("\t\t\t\t\t\t 日期:"+nowdate,end="")
mainmenu()
```

运行代码段的效果如图 2. 11 所示。

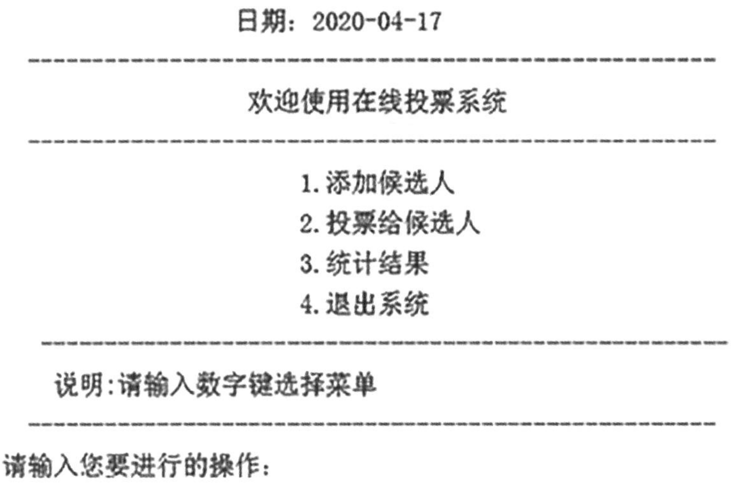

图 2. 11　添加日期的菜单功能运行效果

Python 是一门开源语言，除了系统内置的标准模块库以外，还可以导入使用第三方模块。为了避免在安装第三方模块时出现版本不兼容的问题，通常选择使用 Anaconda 来管理 Python 的第三方模块安装。Python 第三方模块是由开发者们提供的开源的封装好的代码块，通过安装导入即可使用。常见的第三方模块有：Pillow 模块、Requests 模块、BeautifulSoup4 模块、Scrapy 模块等。关于第三方模块在本项目中未使用到，故不做赘述，可以在以后用到时，再进行详细学习。

2.4 典型工作环节 4：软件测试

1. 测试添加候选人函数

进入添加候选人功能后，若依次输入张琳、刘明、张琳后，运行结果如图 2.12 所示，其中候选名单中出现 2 个张琳，则出现了逻辑错误。

分析该错误出现的原因在于如下代码段。

```
vote_list.append(candidate)
print('添加候选人成功')
```

在添加候选人之前没有判断该候选人是否已经存在列表中，可进行如下修改：

```
if candidate not in vote_list:#如果候选人不在列表中
        vote_list.append(candidate)
        print('添加候选人成功')
else:
        print(candidate+"已在候选人中!")#候选人已经存在
```

2. 测试投票函数功能

在给候选人投票时，希望输入姓名和对应编号具有同样的投票效果，若测试发现当输入编号时不能投票，如图 2.13 所示，则出现了逻辑错误。

```
请输入候选人：张琳
添加候选人成功
当前候选人名单为张琳
请输入候选人：刘明
添加候选人成功
当前候选人名单为张琳，刘明
请输入候选人：张琳
添加候选人成功
当前候选人名单为张琳，刘明，张琳
```

图 2.12 添加候选人运行逻辑错误

```
当前候选人名单如下：
编号1：张琳
编号2：李明
编号3：王刚
说明：输入stop结束投票！
投票给：张琳
给张琳投票成功
投票给：1
请给张琳，李明，王刚其中一个投票
```

图 2.13 投票功能运行逻辑错误

找到投票对应代码段，分析该错误出现的原因在于 if 语句多加入一个分支，用于判断输入编号时能进行对应候选人投票，代码如下。

```
elif voting in [str(i) for i in range(1,len(vote_list)+1)]:
        vote_name.append(vote_list[(int)(voting)-1])
        print('给{}投票成功'.format(vote_list[int(voting)-1]))
```

3. 测试统计投票功能

在输入候选人名字、投票后，若选择 3 进行投票统计时，运行结果如图 2.14 所示，则出现了 TypeError 类型错误。

```
--------------------------------------------------------
    请输入您要进行的操作：3
Traceback (most recent call last):
  File "C:/Users/Administrator/Desktop/Python/课次02/untitled/vote.py", line 114, in <module>
    mainmenu()
  File "C:/Users/Administrator/Desktop/Python/课次02/untitled/vote.py", line 107, in mainmenu
    describe(vote_count)
  File "C:/Users/Administrator/Desktop/Python/课次02/untitled/vote.py", line 79, in describe
    final=sort_by_value()#调用函数按票数进行降序排序
TypeError: sort_by_value() missing 2 required positional arguments: 'dic' and 'top'
```

图 2.14　类型错误

定位到错误行查看，该错误出现的原因在于调用排序函数时未添加参数，函数在调用时应该按照规则添加参数，排序函数的定义如下。

```
def sort_by_value(dic)
```

当原代码中调用函数按票数进行降序排序时，排序函数如下。

```
final=sort_by_value()
```

需修改为如下代码。

```
final=sort_by_value(dic)
```

若其他功能测试未出现异常，则可得到测试记录表(表 2.3)。

表 2.3　投票系统测试记录表

序号	测试内容	预期结果	实测结果	备注
1	测试添加候选人功能	名字重复的候选人只出现 1 次	同名候选人“张琳”出现 2 次	
2	测试投票函数功能	输入名字和编号时都能投票成功	输入编号时无法对相应候选人投票	
3	测试统计投票结果	输出投票排名前三名的候选人名字、票数及所占百分比	调用排序函数时未添加参数	

2.5 典型工作环节 5：文档编写

在编码、测试、打包功能完成后，需要把可执行程序交付给用户，并附上必要的用户手册、安装手册便于用户使用。本项目比较简单，这里只需要编写一个简单的用户手册，具体内容如下。

投票系统用户手册

该投票系统可供日常投票活动使用，功能包括录入候选人、投票和计票，具体操作说明如下。

(1) 单击投票系统.exe 文件启动该系统。

(2) 按照菜单提示输入要执行功能的编号。

(3) 添加候选人。

"finish"命令：在添加候选人时，当录入候选人名字为"finish"时代表候选人录入结束。当候选人出现同名情况时，例如输入 2 个"李明"，只有第一个录入的"李明"才会被记录到候选人当中，可在录入候选人名字时体现出区别，例如可采取"李明 1""李明 2"这样的方式。

"delete"命令：在添加候选人时，当录入候选人名字为"delete"时代表要删除一个候选人，输入要删除候选人名字实现删除，未输入名字则删除上一个候选人。

"clear"命令：在添加候选人时，当录入候选人名字为"clear"时代表要清空所有候选人。

(4) 投票给候选人。

投票给候选人时可以输入候选人名字或者候选人编号。输入"stop"时代表投票结束。

(5) 统计投票结果。

选择功能"3"输出最终投票结果，投票结果按照票数从高到低进行排列。

(6) 退出系统。

选择功能"4"退出投票系统。

2.6 典型工作环节 6：程序交付

李慧完成了投票系统编码，觉得非常实用，想推广给其他有需要的同学使用，但是其他同学并没有学习过 Python，电脑上也没有安装 Python 开发环境，李慧准备将投票系统打包成一个.exe 可执行文件，这样其他同学并不需要安装 Python 开发环境，也可以在其他计算机上运行投票系统了。实现打包. exe 可执行文件时，需要使用 PyInstaller 模块，该模块是一个第三方模块，需要单独安装。PyInstaller 模块支持多种操作系统，如 Windows、Linux、Mac OS X 等，但不支持跨平台，也就是在 Windows 操作系统下打包的. exe 可执行文件，该文件就不能在非 Windows 环境下运行，下面以 Windows 操作系统为例，介绍打包过程。

步骤 1：安装 PyInstaller 模块。在“命令提示符”窗口中输入“pip install pyinstaller”命令进行安装。

步骤 2：打包. py 文件。PyInstaller 模块安装完毕后，在“命令提示符窗口”中输入：pyinstaller-F. py 文件的绝对路径，如图 2. 15 所示，打包完成后生成如图 2. 16 所示的. exe 可执行文件。

图 2. 15　打包. py 文件

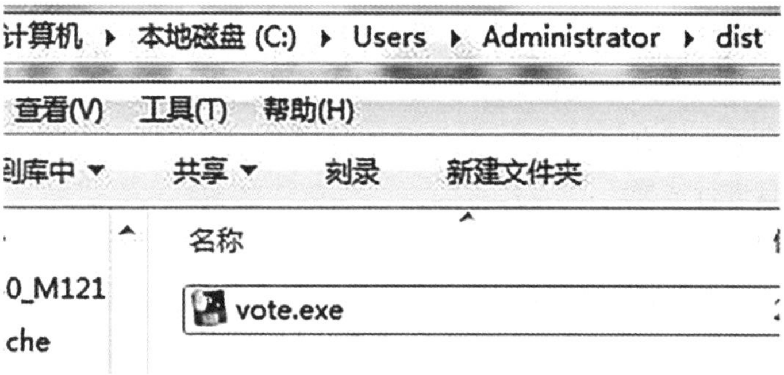

图 2. 16　打包好的. exe 可执行文件

步骤 3：运行. exe 文件。找到文件保存目录，双击 vote. exe 文件，开始运行本项目，效果如图 2.17 所示。

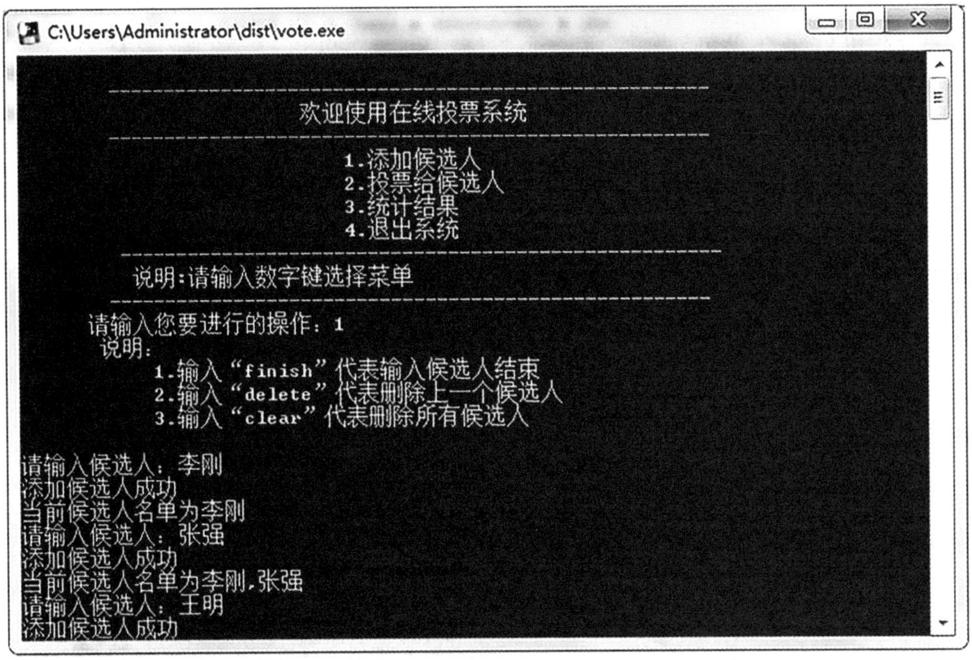

图 2.17 .exe 可执行文件运行效果

步骤 4:程序交付。把可执行文件、投票系统用户手册存放在一个文件夹中,就可以分发给其他同学使用了。

2.7 项目总结

(1) 函数的作用是封装代码,提高代码的可读性、可复用性、可移植性和可扩展性,用函数实现模块化程序设计。

(2) 在进行函数定义时,应事先根据函数功能分析确定是否有参数和返回值。

(3) 函数参数分为形式参数和实际参数,在调用函数时要注意参数的传递。

(4) 函数的参数类型有位置参数、默认参数、可变参数、关键字参数、命名关键字参数,需要根据不同场景进行选择。

(5) 匿名函数适用于只使用一次的场景。

(6) 一个.py 文件就是一个模块,一个文件夹就是一个包,包可以包含多个模块,使用模块能够更好地管理代码。

(7) 在使用第三方模块时,需要先下载安装该模块,然后就可以像使用标准模块一样导入并使用了。

2.8 单项技能训练

一、选择题

1. 在调用函数时，函数名后面的一对小括号中给出的参数称为(　　)。

A. 实参　　B. 形参　　C. 类型参数　　D. 名字参数

2. 不定长的位置参数在传递给函数时会被封装成(　　)。

A. 元组　　B. 列表　　C. 集合　　D. 字典

3. 局部变量的作用域是(　　)。

A. 从定义变量的位置到文件结束位置　　B. 从定义变量的位置到函数结束位置

C. 所有函数　　D. 所有文件

4. 以下关于函数的描述，错误的是(　　)。

A. 函数是一种功能抽象

B. 使用函数的目的只是为了增加代码复用

C. 函数名可以是任何有效的 Python 标识符

D. 使用函数后，代码的维护难度降低了

5. lambda 函数是指(　　)。

A. 在一个函数内部通过调用自己完成问题的求解

B. 不使用 def 定义函数的形式

C. 一个函数不断被其他函数调用完成问题的求解

D. 把函数作为参数的一种函数

6. 关于 Python 的 lambda 函数，以下选项中描述错误的是(　　)。

A. lambda 函数将函数名作为函数结果返回

B. f = lambda x,y:x+y 执行后，f 的类型为数字类型

C. lambda 用于定义简单的、能够在一行内表示的函数

D. 可以使用 lambda 函数定义列表的排序原则

7. 以下程序的输出结果是(　　)。

```
s = 0
def fun(num):
    try:
        s += num
        return s
    except:
        return 0
    return 5
print(fun(2))
```

A. 0　　B. 2　　C. UnboundLocalError　　D. 5

8. 以下程序的输出结果是(　　)。

```
def test( b = 2, a = 4):
    global z
    z += a * b
    return z
z = 10
print(z, test())
```

A. 18 None　　B. 10 18　　C. UnboundLocalError　　D. 18 18

9. 以下程序的输出结果是(　　)。

```
def hub(ss, x = 2.0,y = 4.0):
    ss += x * y
ss = 10
print(ss, hub(ss, 3))
```

A. 22.0 None　　B. 10 None　　C. 22 None　　D. 10.0 22.0

10. 下列函数中参数定义不合法的是(　　)。

A. def myfunc(*args):　　B. def myfunc(arg1=1):

C. def myfunc(*args, a=1):　　D. def myfunc(a=1, **args):

二、填空题

1. 已知 g = lambda x, y=3, z=5: x*y*z,则语句 print(g(1)) 的输出结果为________。

2. 表达式 list(map(lambda x: len(x), ['a', 'bb', 'ccc'])) 的值为________。

3. 已知 f = lambda x: x+5,那么表达式 f(3) 的值为________。

4. 表达式 sorted(['abc', 'acd', 'ade'], key = lambda x:(x[0],x[2])) 的值为________。

5. 已知函数定义 def demo(x, y, op):return eval(str(x)+op+str(y)),那么表达式 demo(3, 5, '+')的值为________。

6. 已知函数定义 def demo(x, y, op):return eval(str(x)+op+str(y)),那么表达式 demo(3, 5, '*')的值为________。

7. 已知函数定义 def demo(x, y, op):return eval(str(x)+op+str(y)),那么表达式 demo(3, 5, '-')的值为________。

8. 已知 f = lambda n: len(bin(n)[bin(n).rfind('1')+1:]),那么表达式 f(6)的值为________。

9. 已知 g = lambda x, y=3, z=5: x+y+z,那么表达式 g(2) 的值为________。

10. 已知函数定义 def func(*p):return sum(p),那么表达式 func(1,2,3) 的值为________。

11. 已知函数定义 def func(**p):return sum(p.values()),那么表达式 func(x=1, y=2, z=3) 的值为________。

12. 已知函数定义 def func(* *p):return ''. join(sorted(p)),那么表达式 func(x=1, y=2, z=3)的值为________。

三、编程题

1. 编写函数,模拟内置函数 sum()。

2. 编写函数,模拟内置函数 sorted()。

3. 编写函数,判断一个整数是否为素数,并编写主程序调用该函数。

4. 编写函数,接收一个字符串,分别统计大写字母、小写字母、数字、其他字符的个数,并以元组的形式返回结果。

2.9 实战演练

实训 1:电影院售票系统

电影院有 3 个观影厅,每个观影厅座位有 11 行,每行有 8 列。售票系统任务如下:

(1) 初始化功能。在初始状态下,每个座位显示“有票”。

(2) 购票功能。购买电影票时输入观影厅和座位坐标,例如输入“1 厅,10,6”后,按下回车键,则该座位显示“已售”。

(3) 统计功能。统计每个观影厅的售票情况,显示出哪些位置有空可供选择。

以上每个功能是一个函数,每个函数放到一个模块中。

实训 2: 校园歌手大赛打分系统

校园歌手大赛有 10 人进入决赛,一共有 8 名评委,8 名评委需要对每位歌手进行打分,分数范围 1~10 分,分数中允许出现小数。打分系统具体功能如下:

(1)歌手信息录入。每位歌手信息包括参赛编号、姓名、参赛曲目(图 2.18)。

```
第1个学生的编号:1001
第1个学生的姓名:刘明
第1个学生的参赛曲目:喜欢你
第2个学生的编号:1002
第2个学生的姓名:张华
第2个学生的参赛曲目:我只在乎你
第3个学生的编号:1003
第3个学生的姓名:李莹
第3个学生的参赛曲目:阳光总在风雨后
```

图 2.18　录入选手信息

（2）评委信息录入。每位评委信息包括评委编号、姓名(图 2.19)。

（3）评分功能。参赛选手按编号顺序出场,演唱完毕后获得每个评委的分数,在 8 个分数中去掉最高分和最低分,计算出平均分,并详细显示得分情况(图 2.20)。

（4）排名功能。根据每位选手的成绩进行排名,显示出排名情况(图 2.21)。

```
第1个评委的编号:p01
第1个评委的姓名:王佳
第2个评委的编号:p02
第2个评委的姓名:刘宇
第3个评委的编号:p03
第3个评委的姓名:孙琴
第4个评委的编号:p04
第4个评委的姓名:张兴
第5个评委的编号:p05
第5个评委的姓名:唐化
```

图 2.19　录入评委编号和姓名

```
出场歌手:1001,姓名: 刘明,参赛曲目: 喜欢你
请各位评委给该选手打分:
评委: p0191
评委: p0293
评委: p0387
评委: p0488
评委: p0590
评委: p0696
评委: p0789
评委: p0894
选手: 1001的得分情况:91,93,87,88,90,96,89,94
去掉一个最低分: 87
去掉一个最高分: 96
平均得分:90.83333333333333
```

图 2.20　计算每位选手得分

```
('1003', 87.16666666666667)
('1001', 90.83333333333333)
('1002', 93.83333333333333)
```

图 2.21　按成绩从低到高排序

以上每个功能是一个函数,每个函数放到一个模块中。

实训 3:机选七乐彩投注

七乐彩采用组合式玩法,从 01~30 共 30 个号码中选择 7 个号码组合为一注投注号码。编写一个程序,随机产生一注七乐彩号码。

实训 4:人脸图像卡通化

利用百度 AI 的人物动漫化技术,结合 Python 对图片进行处理,生成动漫图片,图片效果变化如图 2.22 所示,最后将制作的个人卡通头像保存。

【知识准备】

（1）通过命令:pip install requests 可完成 requests 模块的安装。

（2）通过注册百度 AI(网址:https://ai.baidu.com/)账号后获取密钥,请参考以下步骤(图 2.23~图 2.28)。

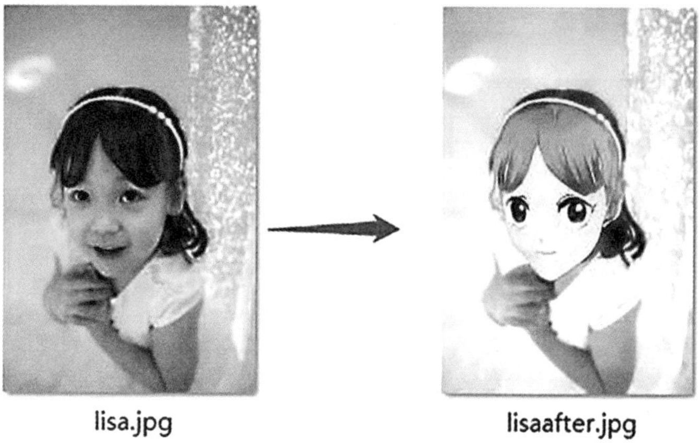

图 2.22　头像一秒变卡通

图 2.23　打开百度 AI 单击“控制台”

图 2.24　选择“立即注册”或“密码登录”

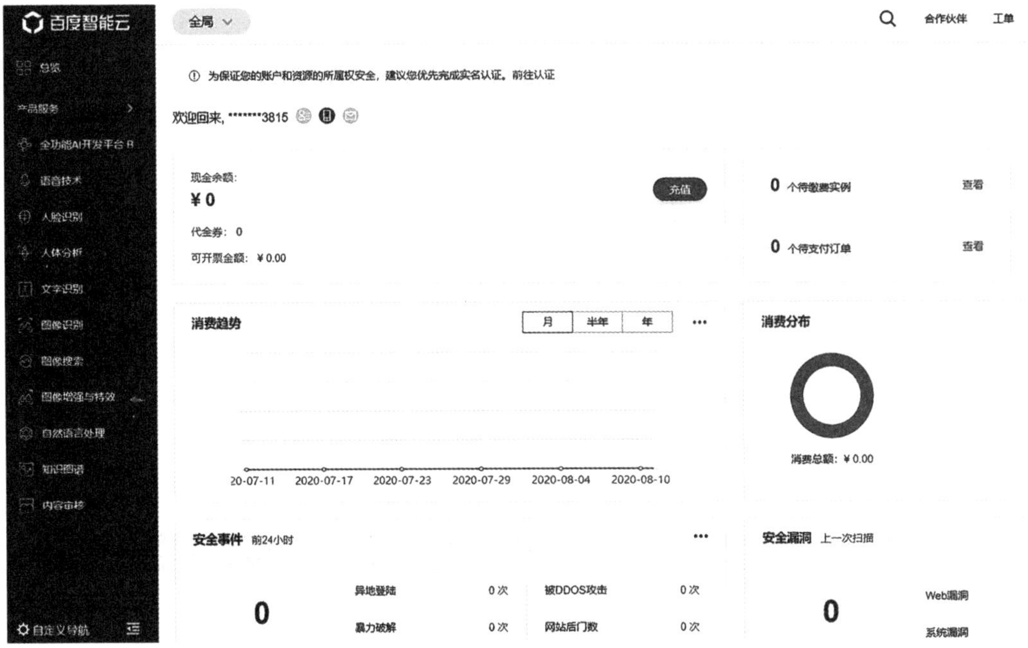

图 2.25　单击"图像增强与特效"

图 2.26　单击"创建应用"

实训 5：实时视频卡通化

通过调用摄像头获取实时视频，再通过 opencv 模块将实时视频卡通化，形成一段动画，并实时显示。

【知识准备】

(1) 该实训的完成步骤为：获取视频→提取每一帧照片→将每一帧照片转换成卡通风格→将卡通的每一帧照片拼接成完整视频。

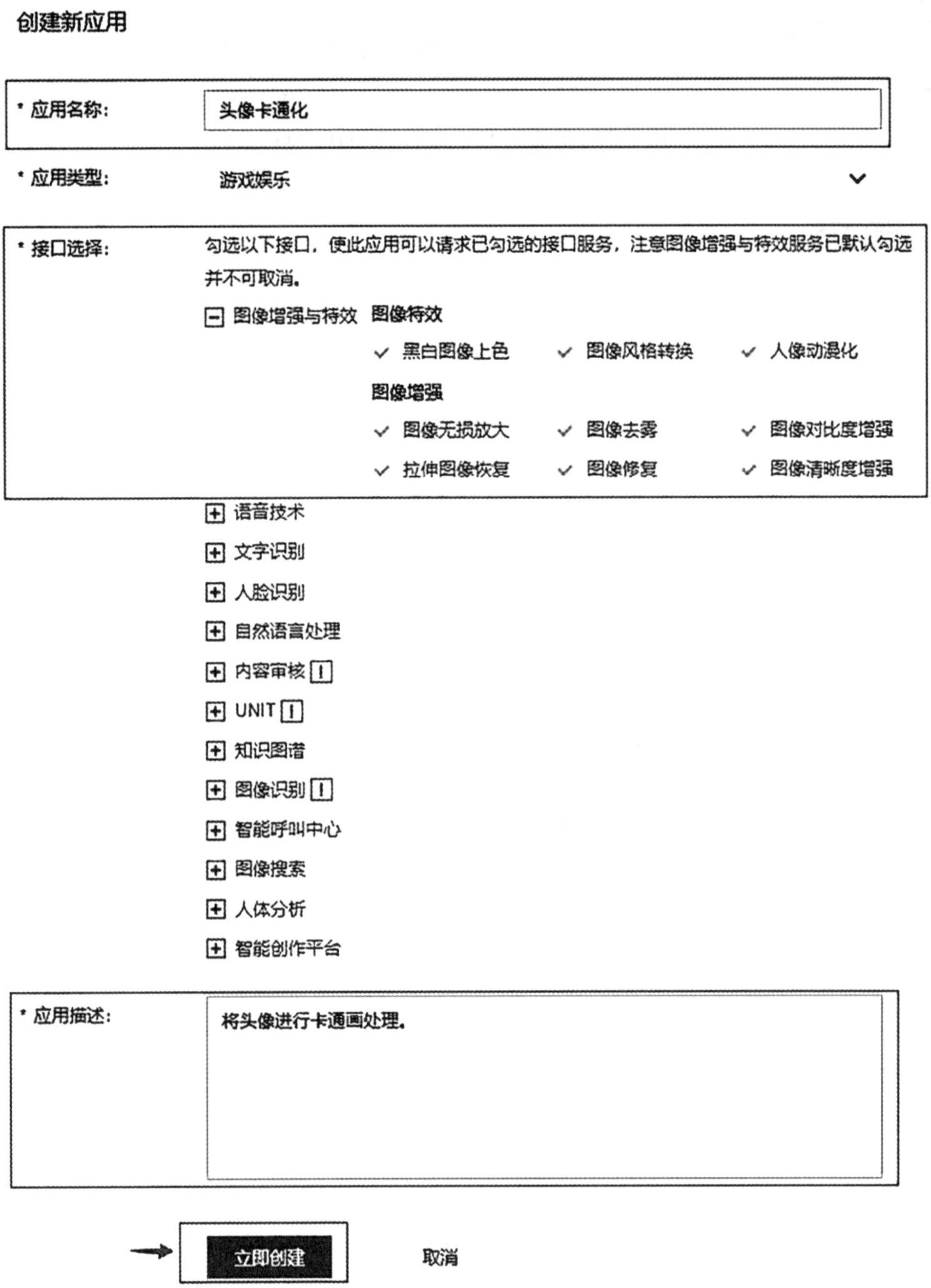

图 2.27　创建新应用

（2）通过命令:pip installopencv-python 可完成 opencv 模块的安装。

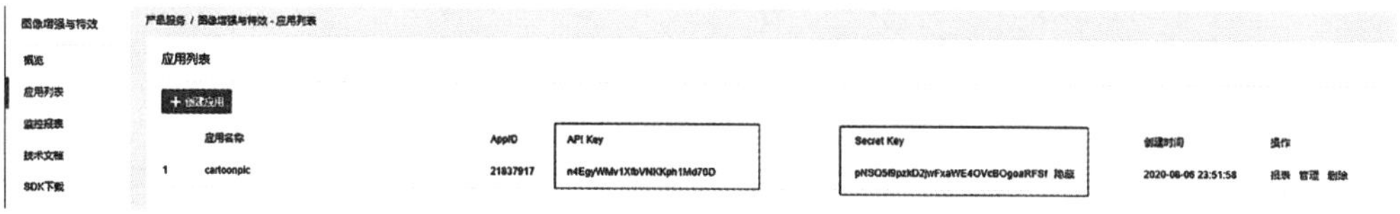

图 2.28　查看“API Key”和“Secret Key”

小提示

与项目 2 的实战演练相配套使用表单详见工作任务单 2。

项目 3 蚂蚁租车

项目概述

大学的时光总是过得那么快,转眼间李慧已经到了该去参加社会实习的时期,经老师推荐,李慧进入一家做智能系统的科技公司实习,该公司主要业务之一是做智能订单系统,例如外卖和打车平台。为了让李慧尽快熟悉公司主营业务,考察李慧的软件设计及编码的基本功,项目经理要求李慧使用所学的 Python 语言来设计一个智能租车系统。

项目 3 将采用面向对象程序设计的思想设计基类:汽车类,派生类:轿车、货车、巴士。同时设计汽车管理类来对车辆租赁进行智能化管理,实现对管理不同类型车辆信息、车辆租赁计费,同时为了便于程序保存和读取数据,采用 MySQL 数据库来进行数据保存。该系统能够实现车辆入库、按车牌号查询车辆、修改车辆信息、车辆出租、车辆归还、车辆统计等功能,方便车辆租赁公司进行管理,为人们创建一个智能生活环境。

学习目标

(1) 掌握面向对象编程方法,包括定义类和对象、实现类的继承、多态的实现,难点在继承和多态;

(2) 学习如何使用 Python 操作 MySQL 数据库,逐渐形成完整的编程思维。

3.1 典型工作环节 1: 需求分析

为了方便租车公司对车辆进行管理,该项目应具备以下功能。

(1) 车辆分类:有 3 种车型,轿车、货车、巴士。

（2）车辆管理：添加车辆、查询车辆、显示车辆信息、修改车辆信息、删除车辆。
（3）车辆租赁：车辆出租、车辆归还。
（4）车辆信息导入和保存。

3.2 典型工作环节 2：系统设计

3.2.1 系统功能设计

租车系统分为 4 大功能模块：车辆信息读取、车辆管理、汽车租赁、退出系统，如图 3.1 所示。

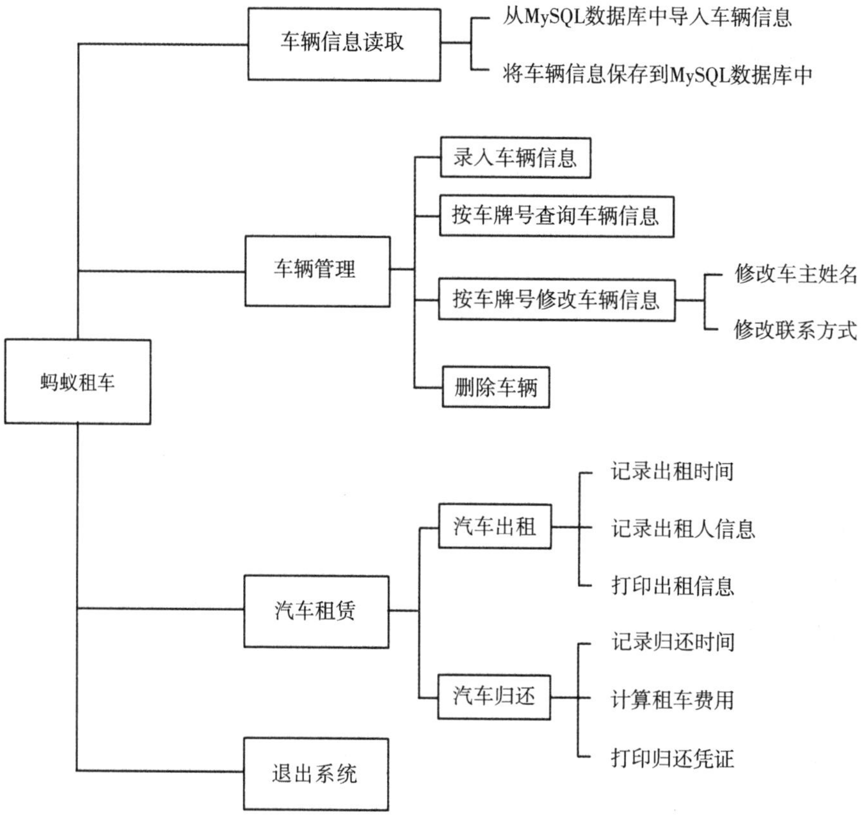

图 3.1　系统功能结构

3.2.2 系统业务流程

在进行租车系统开发前,需要先思考该项目的业务流程。根据项目需求分析及功能结构,将系统分为系统启动、导入车辆信息、管理车辆信息、保存车辆信息这4个功能,其中管理车辆信息和保存车辆信息属于同级操作。根据租车系统的需求分析及功能结构,设计如图3.2所示的系统业务流程。

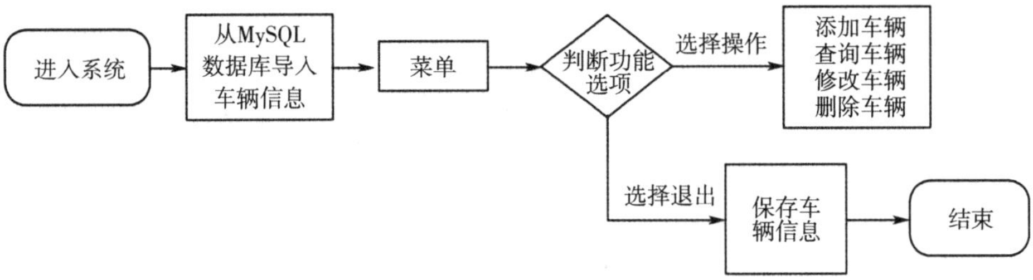

图3.2 系统业务流程

3.2.3 系统开发环境

本系统开发及运行环境如下。

(1) 操作系统:Windows7 或以上。

(2) Python 版本:Python3.7。

(3) Python 开发工具:PyCharm。

(4) MySQL 版本:MySQL Server 8.0.19。

(5) MySQL 管理工具:Navicat for MySQL。

3.2.4 文件结构

项目中包含以下6个文件。

(1) setting_Car.py:基类定义文件。

(2) setting_Sedan.py:轿车类定义文件。

(3) setting_Truck.py:货车类定义文件。

(4) setting_Bus.py:巴士类定义文件。

(5) setting_Manage.py:车辆管理类文件。

(6) main.py:主运行文件。

3.2.5 类的继承关系

在蚂蚁租车系统中,一共设定了 3 种车型,轿车、货车和巴士。这 3 种车型有共同属性和方法,但又各有区分,所以在进行类设计时,定义 1 个父类汽车类,3 个子类(轿车类、货车类和巴士类),类的继承关系如图 3.3 所示。

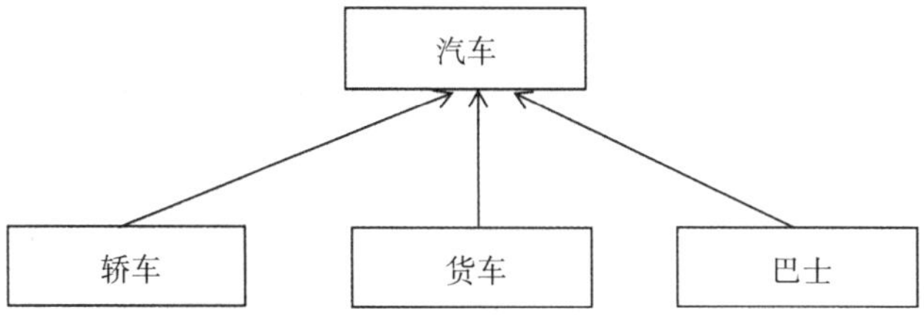

图 3.3 类的继承关系

3.3 典型工作环节 3: 软件编码

3.3.1 面向对象程序设计

面向对象程序设计(Object Oriented Programming,OOP)的思想主要针对大型软件设计而提出,思想特点在于,它是一种更符合用户思维习惯的思想,可以将复杂的事情简单化,将用户从执行者变为指挥者,角色发生了转变。面向对象的开发就在于,不断创建对象、使用对象、指挥对象。面向对象的设计重点为管理和维护对象之间的关系。

在传统的面向过程编程设计中,把一项工程分解为一个个的功能模块,用函数来实现。函数是面向过程的核心。面向过程的思想在于分步解决问题。面向过程=数据+算法。面向对象是把一项工程看成是一个个的对象组成,这些对象之间的相互关系,构成了整个项目,类和对象是构成面向对象的程序的主体。面向对象的思想在于找出对象,让对象去完成步骤。面向对象=对象+消息。面向过程和面向对象的区别在于执行过程的主体何在,图 3.4 以如何做一把椅子为例展示了面向过程和面向对象的区别。

面向对象编程有三大特征:封装、继承和多态。Python 从设计之初就是一门面向对象的语言,对面向对象程序设计思想提供全面支持,让程序结构更加清晰,因此在 Python 中创建类和对象是相当容易的。

在蚂蚁租车管理系统中,涉及的车辆类型有轿车、巴士和货车,这三种类型的车辆既具有共同基本属性(车牌号、车主姓名、联系方式),又各有不同属性,例如轿车有品牌和座位数

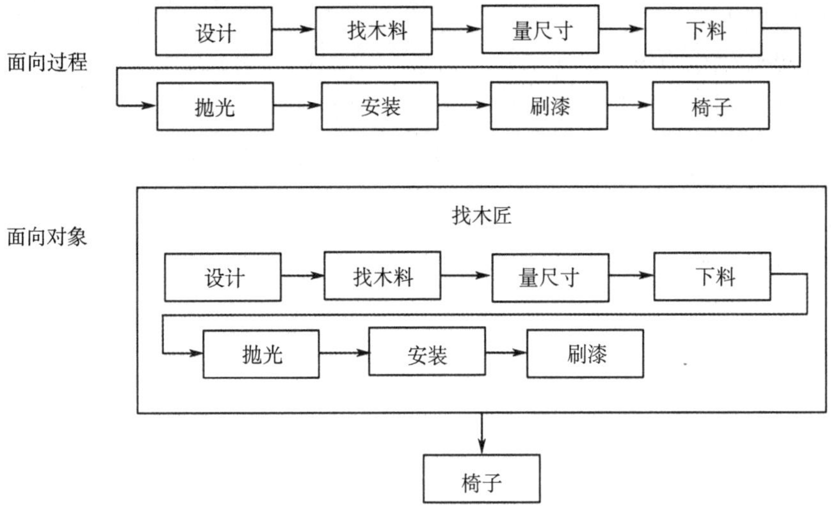

图 3.4　面向过程和面向对象

属性，货车有载货容积、载货重量、货车外形长宽高属性。按照面向对象程序设计思想，需要定义 1 个基类和 3 个派生类，同时为了实现对汽车的管理，还需要再定义一个租赁管理类，类定义如表 3.1 所示。

表 3.1　类结构

编号	类名	描述	文件
1	Car	基类，用于描述派生类 Sedan、Bus、Truck 的共同属性和方法。	Setting_Car. py
2	Sedan	派生类，其基类是 Car，用于描述轿车类的特有属性和方法。	Setting_Sedan. py
3	Bus	派生类，其基类是 Car，用于描述巴士类的特有属性和方法。	Setting_Bus. py
4	Truck	派生类，其基类是 Car，用于描述货车类的特有属性和方法。	Setting_Truck. py
5	RentManage	车辆租赁管理类，管理车辆信息和租赁计费。	Setting_Manage. py

3.3.2　定义汽车类为基类

3.3.2.1　定义汽车类

面向对象编程设计的过程，就是将日常生活中的事物用学习语言描述出来。针对现实世界中的事物，在面向对象思想中可以使用两个概念去描述，一个是属性，指该事物的描述信息（事物身上的名词）。一个是行为，指该事物能够做什么（事物身上的动词）。

在 Python 中，类是最基本的单位。类包含成员变量、成员方法，也就是事物的属性和行为。定义类也就是定义类的成员，类的成员包含两部分，即成员变量和成员方法。使用关键字 class 可以定义一个类，其语法格式如下。

```
class Class_Name:
    "类说明文档字符串"
    # 定义类主体
    Class_Body
    # 定义成员变量
    member_variables
    # 定义成员函数
    member_function
```

[**参数说明**]

(1) Class_Name:定义的类名标识符。

(2) Class_Body:类的主体,在类加载的时候执行的内容。

(3) member_variables:成员变量,作用域在类中。

(4) member_function:成员函数,类中函数的定义,由类的对象调用。

(5) 在 Python 中,类开始标志为类名(class_name)后的冒号(:),类的主体使用缩进标识。

采用模块化设计思想,创建模块 setting_Car,并在模块中定义一个基类 Car,代码如下。

```
class Car():
    pass
```

定义类后,并不会真正创建一个实例,也就是并不代表有一辆真正意义上的车,但可以使用这个类来创建实例对象了。创建类的实例的语法格式如下。

```
Class_Name(parameterlist)
```

其中 Class_Name 代表类名,是必选参数。创建汽车实例 car,代码如下。

```
car=Car()
```

3.3.2.2 给汽车类添加__init__方法

在创建类后,通常会自动创建一个__init__方法(约定开头和结尾是两个下划线,中间不能有空格,旨在跟普通方法作区分)。该方法是类的一个特殊方法,类似于 C++和 Java 里面的构造方法。当创建类的对象实例时,系统会自动调用构造函数并按照位置匹配传入的参数值,所以该方法体通常用来对实例进行初始化操作,所以构造函数也被称为初始化方法。

__init__方法必须包含一个 self 参数,且必须作为第一个参数,是一个指向实例本身的引用,用于访问类中的属性和方法。除了 self 参数外,还可以定义其他参数,参数间用“,”隔开。例如用于出租车辆的基本属性包括:车牌号、车主姓名、联系方式、出租状态、押金、每日租金、出租日期、归还日期。为汽车类添加__init__方法实现对汽车对象的初始化,代码如下。

```
def __init__(self,no="",owner="",phone=""):
        self.car_number=no
        self.car_owner=owner
        self.contact_way=phone
```

3.3.2.3 给汽车类添加__del__方法

在 Python 中,使用引用计数来跟踪和回收垃圾。当对象被创建时,就创建了一个引用计数;当这个对象不需要时,即引用计数变为 0 时,该对象被垃圾回收。Python 的垃圾回收机制和 Java 类似,回收都不是立即的,是由解释器选择合适的回收时机将对象占用的空间回收。

Python 中定义类的时候可以重写类的系统函数 __del__和析构函数对应,__del__ 在对象被销毁的时候调用,用于释放对象占用的资源,__del__ 函数也成为析构函数。为汽车类添加__del__方法。可实现对汽车对象的回收,代码如下。

```
def __del__(self):
        print("车牌号为%s 的车辆被删除!"%(self.car_number))
```

添加了__init__方法和__del__后,再实例化一个对象 car 如下。

```
car=Car("渝 A23412","李明","13568942345")
print("车牌号:%s\n 车主:%s\n 电话:%s"%(car.car_number,car.car_owner
,car.contact_way))
```

运行结果如下:

```
车牌号:渝 A23412
车主:李明
电话:13568942345
车牌号为渝 A23412 的车辆被删除!
```

被实例化的对象 car 才是一个真正的汽车,车牌号为渝 A23412,车主姓名为李明,联系方式为 13568942345。其余类成员目前均取默认值,出租状态为默认未出租(False),押金和日租金默认为 0,同时出租日期和归还日期也默认为空字符串。可以看到__init__方法和__del__方法都是被隐式调用的,在定义对象时调用__init__方法对对象进行初始化,在程序的末尾自动调用__del__方法回收对象,需要注意的是回收对象的顺序跟初始化对象的顺序正好相反,读者可以再定义第 2 个对象,运行程序看看效果。

3.3.2.4 给汽车类添加实例变量

在类定义中,我们可以在类的作用域范围定义变量并对其赋予初始值,这样的变量就是类的数据成员。如下述代码段中 car.car_number,car.car_owner,car.contact_way,car.car_color,car.car_model 都是 Car 类的实例变量。定义了实例变量后,就可以使用实例变量,如代码段中的赋值语句都是对成员的使用，self. car_number 中的“self”是指向实例的引用，代表把参数 no 的值赋给实例中的成员 car_number。在类中使用实例变量最容易出错的地方就是缺少“self”前缀，如果在编程中缺少“self”前缀，那么这个变量就不是实例变量，而是一个普通局部变量了，这样定义的局部变量作用域范围只在方法内部，与实例变量的作用域范围是不一样的。

汽车类除了已定义的成员外，为了方便管理租赁计费，还应添加表 3.2 所示变量。

表 3.2　汽车类实例变量说明表

编号	实例变量名称	默认值	说明
1	date_rent	空字符串	时间字符串，车辆出租时间，车辆出租时取系统时间
2	date_return	空字符串	时间字符串，车辆归还时间，车辆归还时取系统时间
3	rented	False	布尔型，代表车辆的出租状态，False 代表未出租，True 代表已出租
4	basic_charge	0	整型，押金
5	charge_day	0	整型，日租价

补充 Car 类的定义如下。

```
class Car():
  def__init__(self,car_number,car_owner,contact_way
  ,car_color,car_model):
        self.car_number=car_number #车牌号
        self.car_owner=car_owner #车主姓名
        self.contact_way=contact_way #联系方式
        self.car_color=car_color #颜色
        self.car_model=car_model #车型
        self.entrance_time = 0  # 进入时间
        self.exit_time = 0  # 离开时间
```

输出对象 car 的所有成员，代码如下。

```
car=Car("渝 A23412","李明","13568942345")
print("车牌号:%s\n 车主:%s\n 电话:%s"%(car.car_number,
car.car_owner,car.contact_way))
print("押金:%d\n 日租金:%d\n 出租日期:%s\n 归还日期:%s"%
(car.basic_charge,car.charge_day,car.date_rent,car.date_return))
```

运行结果如下。

```
车牌号:渝 A23412
车主:李明
电话:13568942345
押金:0
日租金:0
出租日期:
归还日期:
```

3.3.2.5 给汽车类添加类变量

类变量在整个实例化的对象中是共享的,可以采用“类名.类变量名”和“对象名.类变量名”的方式进行访问。类变量定义在类中且在函数体之外。类变量通常不作为实例变量使用。类变量或者实例变量,用于处理类及其实例对象的相关的数据,可以统称为数据成员。类变量语法如下:

```
class 类名():
    #定义类变量
    变量名=初始值
```

为方便统计在租车系统中一共有多少辆车,在 Car 类中添加一个类变量 car_count,并赋值为 0,同时在__init__方法中对该类变量加 1,代表每创建一个 Car 对象,car_count 的值就增加 1,用于记录车辆总数。代码如下:

```
class Car():
     car_count = 0   # 类变量,可共享
    def __init__(self,no="",owner="",phone=""):
        self.car_number=no
        ...
        self.date_return=""
        Car.car_count+=1
```

3.3.2.6 给汽车类添加实例方法——Show_Msg

所谓实例方法就是在类中定义的函数。类的成员函数可以分为两种情况,一种是公有函数,另一种是私有函数,分类的原则是外部对类成员函数的访问权限。公有函数可以在类的内部访问,也可以在类的外部通过类对象访问,用户可以通过类对象调用函数。私有函数只能在类的内部访问,外部无法访问,私有函数的使用保障了程序内部的逻辑关系的安全性。在 Python 中,定义私有函数的方式是在函数名称之前加前缀 __(两个下划线),在 Python 中除了__xxx 格式的成员函数外,其他成员变量均为公有函数。

Show_Msg 方法的功能是输出车辆详细信息,其定义如下(代码根据车辆类型不同需作修改)。

```
    def Show_Msg(self):
        pass
```

3.3.3 定义派生类轿车类（Sedan）

封装、继承和多态是面向对象程序设计思想的三大特性。类可以通过继承的方式继承其他类的内容，包括实例变量和实例方法。而从同一类中继承衍生的子类也有不同的属性和行为，相同的成员变量在不同的子类中有不同的值，相同的成员函数在不同的子类中也有不同的实现，即子类具有多态性。

类是现实世界对客观事物之间关系的一种描述，继承关系其实就是一种从一般到特殊的关系。换作 Python 代码中的描述则是，首先由反映一般事物特性的类，然后在此基础之上反映出特殊事物的类，这就是继承关系。

通过继承关系，子类可以直接复用父类的工作成果。在项目开发中，遇到同种结构和类型的类，要实现差异性业务可以通过抽象、封装、继承的方式快速实现，提高项目开发效率。

Python 中将要继承的类名作为参数传递在类的定义中来实现继承关系。基类继承的语法格式如下。

```
# 定义一个父类
class class_parent:
    class_parent_body
# 定义一个子类，子类继承于父类
class class_child(class_parent):
    class_child_body
```

对于轿车来说，除了应该有 Car 类里面的基本信息外，轿车品牌和座位数是租赁用户比较关心的问题，所以在定义轿车类时，除了把 Car 类作为基类，还应加上轿车品牌和座位数，同时对押金和日租价给予明确赋值。

新建模块 setting_Sedan，在该模块下定义派生类轿车类 Sedan 如下。

```
from setting_Car import Car #导入模块 setting_Car 里面的类 Car
class Sedan(Car):
    sedannum=0
    def __init__(self,no="",owner="",phone="",brand="",seats=""):
        super().__init__(no,owner,phone) #调用父类构造方法
        self.basic_charge = 1000  # 押金
        self.charge_day = 100  #日租金
        self.car_brand=brand
        self.car_seats=seats #座位数量
        Sedan.sedannum+=1
```

[参数说明]

(1) sedannum 为 Sedan 类的类变量,用于统计轿车总数量,用法跟定义 Car 的类变量 car_count 一致。

(2) __init__函数的参数列表应包括需要对父类 Car 的数据成员进行赋值的部分和 Sedan 类新增加的数据成员赋值的部分。

(3) super()代表父类,super().__init__(no,owner,phone)代表调用父类的构造方法,__init__进行部分数据成员初始化。

(4) 因为用到父类,所以在类定义第一行代码处,加上对包含 Car 类定义的文件导入 from setting_Car import Car。

3.3.4 定义派生类巴士类(Bus)

巴士类的基类也是 Car 类,其定义与 Sedan 类似,这里就不赘述。新建模块 setting_Bus,在模块中定义派生类巴士类 Bus,代码如下。

```
from setting_Car import Car
class Bus(Car):
    busnum=0
    def __init__(self, no, owner, phone,brand,busload,):
        super().__init__(no, owner, phone)
        self.basic_charge = 3000  # 押金
        self.charge_day = 500  # 日租金
        self.brand = brand #品牌
        self.busload = busload #载客量
        Bus.busnum+=1
```

[参数说明]

(1) busnum 为 Bus 类的类变量,用于统计巴士总数量,用法跟定义 Car 的类变量 car_count 一致。

(2) __init__函数的参数列表应包括需要对父类 Car 的数据成员进行赋值的部分和 Bus 类新增加的品牌和载客量赋值的部分。

3.3.5 定义派生类货车类(Truck)

货车类的基类也是 Car 类,其定义与 Sedan 类似,这里就不赘述。新建模块 setting_Truck,在模块中定义派生类货车类 Truck,代码如下。

```
from setting_Car import Car
class Truck(Car):
```

```
    trucknum=0
    def __init__(self, no, owner, phone, cargo_volume,
cargo_capacity,length,weight,height):
        super().__init__(no, owner, phone)
        self.basic_charge = 5000   # 押金
        self.charge_day = 600   # 日租金
        self.cargo_volume = cargo_volume #载货体积
        self.cargo_capacity = cargo_capacity #载货重量
        self.length=length
        self.weight=weight
        self.height=height
        Truck.trucknum+=1
```

[**参数说明**]

(1) trucknum 为 Truck 类的类变量,用于统计货车总数量,用法跟定义 Car 的类变量 car_count 一致。

(2) __init__函数的参数列表应包括需要对父类 Car 的数据成员进行赋值的部分和 Bus 类新增加的载货体积、载货重量、长、宽、高赋值部分。

3.3.6 重写方法 Show_Msg

当子类对象需要对父类成员函数进行定制化开发时,需要对父类成员函数进行重写。语法格式如下。

```
class class_parent:# 定义一个父类
    def method_name(self): # 定义一个方法
        parent_method_body
class class_child(class_parent):# 定义一个子类,子类继承于父类
        def method_name(self):# 重写父类函数
        child_method_body
```

在子类方法重写过程中,重写函数名与父类函数名必须保持一致,才能达到功能覆盖的效果。在 Sedan、Bus、Truck 类中重写父类方法 Show_Msg。

Sedan 类中重写方法 Show_Msg,代码如下。

```
def Show_Msg(self):
    print("小汽车 \t%s\t%s\t%s\t%s\t%s\t%s" %(self.car_number,
        self.car_owner,self.contact_way,self.car_brand,
        self.car_seats,str(self.rented)))
```

Bus 类中重写方法 Show_Msg,代码如下。

```
def Show_Msg(self):
        print("巴士\t%s\t%s\t%s\t%s\t%s\t%s" %(self.car_number,
    self.car_owner, self.contact_way, self.brand, self.busload,
    str(self.rented)))
```

Truck 类中重写方法 Show_Msg,代码如下。

```
  def Show_Msg(self):
        print("货车\t%s\t%s\t%s\t%s\t%s\t%s\t%s\t%s\t%s" % (
        self.car_number, self.car_owner, self.contact_way,
self.cargo_volume,self.cargo_capacity,self.length,self.weight,
self.height,str(self.rented)))
```

在 Sedan、Bus 和 Truck 类中都对 Show_Msg 方法进行了重写,当调用 Show_Msg 方法时,会自动判断对象的类型选择执行哪一个 Show_Msg 方法。例如有如下定义。

```
newsedan=Sedan("渝 AMN123","张强","13587973456","福特","5")
newbus=Bus("渝 ACX123","李明","18567854574","宇通","58")
newsedan.Show_Msg()
newbus.Show_Msg()
```

运行结果如下。

```
小汽车    渝 AMN123    张强    13587973456    福特    5 False
巴士      渝 ACX123    李明    18567854574    宇通    58 False
```

3.3.7 定义租车管理类(RentManage)

3.3.7.1 导入模块

类 RentManage 主要是对不同类型的所有车辆进行管理,在该模块中一定会用到上面定义的类,所以在模块的最前面加上对 Sedan、Bus 和 Truck 类的导入,同时因为要计算租车时间,引入内置模块 time,代码如下。

```
import time
from setting_Car import Car
from setting_Truck import Truck
from setting_Sedan import Sedan
from setting_Bus import Bus
```

3.3.7.2 定义__init__方法

在__init__中定义用于存放所有车辆信息的列表 car_list 作为实例变量,代码如下:

```
def __init__(self):
        self.car_list = []
```

3.3.7.3 定义菜单方法——menu

定义菜单方便使用者进行功能选择,代码如下。

```
def menu(self):
    """ #显示系统功能信息"""
    print("""
        ____________________________________
          |* * *欢迎进入蚂蚁租车管理系统* * *|
        ____________________________________
                    (1)添加车辆
                    (2)查询车辆
                    (3)显示车辆
                    (4)修改车辆
                    (5)删除车辆
                    (6)出租车辆
                    (7)归还车辆
                    (8)退出系统
      """)
```

3.3.7.4 定义添加车辆方法——Add

在加入一辆新车进入系统时,需要先判断车牌号是否存在,若存在则不能添加,若不存在则加入 car_list 列表,代码如下。

```
def Add(self,newcar):
    for car in self.car_list:
        if car.car_number == newcar.car_number:
            print("车牌号信息有误,重新输入")
            break
    else:
    self.car_list.append(newcar)
    print("车牌号为%s 的车入库成功" %newcar.car_number)
```

运行效果如图 3.5 所示。

3.3.7.5 定义查询车辆信息方法——search_By_Number

按提供的车牌号查询车辆信息,查询成功时显示该车牌号对应的车辆信息,代码如下。

```
车牌号:渝AM1357
车主姓名:王明
车主联系方式:13289870987
请选择车型:
1.小汽车
2.巴士
3.货车
1
品牌:奥迪
座位数:5
车牌号为渝AM1357的车入库成功
```

图 3.5　添加车辆功能运行效果

```
def search_By_Number(self):
        """#按车牌号查询"""
        findcar_number=input("请输入您要查找的车牌号:")
        for car in self.car_list:
            if car.car_number==findcar_number:
                car.Show_Msg()
                break
        else:
            print("未找到车牌号为%s 的车辆" %findcar_number)
```

运行效果如图 3.6 所示。

```
请输入您要查找的车牌号: 渝AM1357
小汽车   渝AM1357     王明     13289870987 奥迪     5     未出租
```

图 3.6　查询车辆信息功能效果

3.3.7.6　定义显示所有车辆信息方法——show_Cars

car_list 列表中存放了所有车辆信息，所有 car_list 列表中元素由 Sedan、Bus、Truck 类的对象构成，按小汽车、巴士、货车分类显示所有车辆信息时，需要对 car_list 列表中的元素所属类进行判断，isinstance(car, Sedan)方法可以判断 car 是否属于 Sedan 类，如果是，则为 True，否则为 False，代码如下。

```
    def show_Cars(self):
        if len(self.car_list)! =0:
            print("==============小汽车===============")
            print("车型\t 车牌号\t\t 车主\t 电话\t\t 品牌\t 座位数\t 是否出租")
            for car in self.car_list:
                if isinstance(car,Sedan):
                    car.Show_Msg()
            print("==============巴士===============")
            print("车型\t 车牌号\t\t 车主\t 电话\t\t 品牌\t 载客量\t 是否出租")
            for car in self.car_list:
                if isinstance(car,Bus):
                    car.Show_Msg()
            print("==============货车==============")
            print("车型\t 车牌号\t\t 车主\t 电话\t\t 载货体积\t 载货重量\t 长\t 宽\t 高\t 是否出
租")
            for car in self.car_list:
                if isinstance(car,Truck):
                    car.Show_Msg()
        else:
            print("可出租车辆为空")
```

运行效果如图 3.7 所示。

```
=================小汽车=================
车型    车牌号        车主    电话          品牌    座位数  是否出租
小汽车  渝A1234  胡明    13287898767  福特    5    未出租
小汽车  渝BMM123     胡霞    13287675646  奥迪     5    未出租
小汽车  渝A123   王一    13299999999  福特    5    未出租
小汽车  渝A1234  胡明    13287898767  福特    5    未出租
小汽车  渝BMM123     胡霞    13287675646  奥迪     5    未出租
小汽车  渝AM1357     王明    13289870987  奥迪     5    未出租
=================巴士=================
车型    车牌号        车主    电话          品牌    载客量  是否出租
巴士    渝C1234  李明    13289876789  恒通    50   未出租
=================货车================
车型    车牌号        车主    电话          载货体积    载货重量    长   宽   高   是否出租
货车    渝B1234  李丽    18534980989  120  50   8    8    6    未出租
```

图 3.7　显示所有车辆信息功能运行效果

3.3.7.7　定义修改车辆信息方法——change_Carinfo

对车辆信息可修改车主名字和联系方式,代码如下。

```
    def change_Carinfo(self):
        """#修改车辆信息"""
        print("============修改车辆登记信息============")
        car_number = input("车牌号:")
        for car in self.car_list:
            if car.car_number == car_number:
                change=int(input("修改信息的序号:\n1. 车主\n2. 联系方式\n 输入你要修改的信息
序号:"))
                if change==1:
                    new_info=input("输入新的信息:")
                    car.car_owner=new_info
                    print("车主名修改成功")
                    break
                elif change==2:
                    new_info=input("输入新的信息:")
                    car.contact_way=new_info
                    print("联系方式修改成功")
                    break
        else:
            print("未找到车牌号为%s 的车辆" % car_number)
```

运行效果如图 3.8 所示。

```
================修改车辆登记信息================
车牌号：渝B1234
修改信息的序号:
1. 车主
2. 联系方式
输入你要修改的信息序号：2
输入新的信息：18587902785
联系方式修改成功
```

图 3.8　修改车主联系方式功能运行效果

3.3.7.8　定义删除车辆方法——delete_car

对不符合要求的车辆从租车系统中删除,remove 方法可实现删除列表中的元素功能,代码如下。

```
    def delete_car(self):
        """删除车辆信息"""
```

```
    print("===============删除车辆===============")
    car_number = input("车牌号:")
    for car in self.car_list:
        if car.car_number == car_number:
            self.car_list.remove(car) #删除元素
            print("车牌号为%s 的车辆成功删除" % car_number)
```

运行效果如图 3.9 所示。

```
================删除车辆================
车牌号：渝BMM123
车牌号为渝BMM123的车辆成功删除
```

图 3.9　按车牌号删除车辆功能运行效果

3.3.7.9　定义车辆出租方法——Rent

租车费是根据租车时间来计算的，设定租车费按天计算，其中超过 12 小时计为 1 天，少于 12 小时计为半天。time 模块是一个内置模块，在使用前需要在文件开头添加语句：import time 进行导入，代码如下。

```
def Rent(self):#出租车辆
    print("===============出租车辆===============")
    car_number = input("车牌号:")
    for car in self.car_list:
        if car.car_number == car_number:
            car.date_rent=time.ctime() #出租时间
            car.rented=True
            #动态添加 2 个实例变量
            car.rentername=input("请输入租车人姓名:")
            car.renterid = input("请输入租车人身份证号:")
            print("==============租车合同==============")
            print("***租车人信息***")
            print("姓名:%s\t\t 身份证号:%s"%(car.rentername,car.renterid))
            print("***出租车辆信息***")
            car.Show_Msg()
```

说明：对象允许添加临时实例变量，在租车时为出租的车辆添加临时租车人信息，包括租车人姓名和身份证号码，代码如下。

```
car. rentername = input("请输入租车人姓名:")
car. renterid = input("请输入租车人身份证号:")
```

车辆出租运行效果如图 3.10 所示。

```
================出租车辆================
车牌号：渝A123
请输入租车人姓名:李云
请输入租车人身份证号:500221199010049870
================租车合同================
***租车人信息***
姓名：李云          身份证号:500221199010049870
***出租车辆信息***
小汽车   渝A123   王一      13299999999 福特     5     True
```

图 3.10　车辆出租功能运行效果

3.3.7.10　定义车辆归还方法——Return

在归还车辆时，记录下系统时间，时间记录方式与记录借车时间一样。租车时间 = 还车时间-租车时间，单位为秒，需要换算成天、小时、分钟、秒，然后根据日租价进行租车费用计算并显示。为了便于计算租车时间，使用 time 模块里的方法 mktime( )用于返回用秒数来表示实际的浮点数，strptime( ) 方法根据指定的格式把一个时间字符串解析为时间元组，代码如下。

```
def Return(self):#交还车辆
    print("==============归还车辆==============")
    car_number = input("车牌号:")
    for car in self. car_list:
        if car. car_number == car_number:
            car. date_return = time. ctime() #归还时间
            car. rented = False
            #计算租车时间
            rent_time = time. mktime(time. strptime(car. date_return))-time. mktime(time. strptime
(car. date_rent))
            d = rent_time//86400 #1 天 86400 秒
            h = (rent_time-d * 86400) // 3600
            m = (rent_time-h * 3600) // 60
            s = rent_time-h * 3600-m * 60
            rent_time = "%d 天%d 时%d 分%d 秒" % (d,h, m, s)
```

```
            if h>12:
                consumption=(d+1) * car.charge_day
            else:
                consumption = (d + 0.5) * car.charge_day
            #动态添加实例 2 个变量
            #car.rentername=input("请输入租车人姓名:")
            #car.renterid = input("请输入租车人身份证号:")
            print("=============还车凭证=============")
            print("***租车人信息***")
            print("姓名:%s\t\t 身份证号:%s"%(car.rentername,car.renterid))
            print("***出租车辆信息***")
            car.Show_Msg()
            print("***租车时间***")
            print("%s----%s"%(car.date_rent,car.date_return))
            print("***归还押金***\t\t"+str(car.basic_charge)+"元")
            print("***租金***\t\t"+str(consumption)+"元")
```

车辆归还运行效果如图 3.11 所示。

```
================还车凭证================
***租车人信息***
姓名：李云        身份证号:500221199010049870
***出租车辆信息***
小汽车  渝A123  王一     13299999999 福特    5   False
***租车时间***
Wed Apr 22 03:49:34 2020----Wed Apr 22 03:52:13 2020
***归还押金***        1000元
***租金***        50.0元
```

图 3.11　车辆归还功能运行效果

3.3.7.11　定义统计车辆信息方法——statistics

此方法输出车辆总数,及每种类型车辆出租几辆、剩余几辆,代码如下。

```
def statistics(self):
    sedan_rented_number=0
    bus_rented_number=0
    truck_rented_number=0
    for car in self.car_list:
        if isinstance(car,Car) and car.rented==True:
```

```
                sedan_rented_number+=1
            elif isinstance(car,Bus) and car.rented==True:
                bus_rented_number+=1
            elif isinstance(car,Truck) and car.rented == True:
                truck_rented_number += 1
            else:
                pass
        print("租车行共计车辆"+str(Car.car_count))
        print("车型\t\t 总量\t\t 已出租数量\t\t 剩余数量")
        print("轿车\t\t%d\t\t%d\t\t%d" % (Sedan.sedannum,
sedan_rented_number,Sedan.sedannum-sedan_rented_number))
        print("巴士\t\t%d\t\t%d\t\t%d"%
(Bus.busnum,bus_rented_number,Bus.busnum-bus_rented_number))
        print("货车\t\t%d\t\t%d\t\t%d"%(Truck.trucknum,
truck_rented_number,Truck.trucknum-truck_rented_number))
```

运行效果如图 3.12 所示。

```
租车行共计车辆7
车型        总量      已出租数量    剩余数量
轿车        5         2             3
巴士        1         0             1
货车        1         0             1
```

图 3.12　车辆信息统计功能运行效果

3.3.8　添加程序入口模块 main

新建模块 main.py,在模块中添加以下 3 个函数。

(1) check_car_number 函数:用于判断输入车牌号格式是否正确。

(2) check_contact_way 函数:用于判断输入手机号格式是否正确。

(3) main 函数:作为程序执行的入口函数。

3.3.8.1　定义函数 check_car_number

正则表达式是一个特殊的字符序列,它能帮助用户方便地检查一个字符串是否与某种模式匹配。Python 自 1.5 版本起增加了 re 模块,它提供 Perl 风格的正则表达式模式。re 模块使 Python 语言拥有全部的正则表达式功能。compile 函数根据一个模式字符串和可选的标志参数生成一个正则表达式对象。该对象拥有一系列方法用于正则表达式匹配和替换。re 模块也提供了与这些方法功能完全一致的函数,这些函数使用一个模式字符串作为它们的第一个参数。

1. re. search 方法

re. search 方法的功能是扫描整个字符串并返回第一个成功的匹配。语法格式如下。

```
re.search(pattern, string, flags=0)
```

［参数说明］

（1）pattern：匹配的正则表达式。

（2）string：要匹配的字符串。

（3）flags：标志位，用于控制正则表达式的匹配方式，如：是否区分大小写，多行匹配，等等。

2. re. compile 方法

compile 函数用于编译正则表达式，生成一个正则表达式（ Pattern ）对象，供 search 函数使用，语法格式如下。

```
re.compile(pattern[, flags])
```

［参数说明］

（1）pattern：一个字符串形式的正则表达式。

（2）flags：可选，表示匹配模式，比如忽略大小写，多行模式等，具体参数如下。

re. I　忽略大小写。

re. L　表示特殊字符集 \w, \W, \b, \B, \s, \S 依赖于当前环境。

re. M　多行模式。

re. S　即为 . 并且包括换行符在内的任意字符（. 不包括换行符）。

re. U　表示特殊字符集 \w, \W, \b, \B, \d, \D, \s, \S 依赖于 Unicode 字符属性数据库。

re. X　为了增加可读性，忽略空格和 # 后面的注释。

车牌号由汉字、大写字母和数字组成，如果有其他字符可认为车牌号格式不对，编译如下。

```
pattern1=re.compile(u'[\u4e00-\u9fa5]?'):
```

［参数说明］

compile(u'[\u4e00-\u9fa5]?')：编译正则表达式，判断汉字。

正则表达式编译好后，可以使用 search 函数扫描整个字符串并返回第一个成功的匹配，判断车牌号是否有汉字，可用以下语句。

```
match = pattern1.search(car_number)
```

在使用正则表达式相关方法时，需要在文件中引入模块如下。

```
import re
```

根据以上正则表达式知识,定义 check_car_number 函数判断车牌号是否由汉字、大写字母和数字组成,如果是则通过格式检查,反之则未通过。

```
def check_car_number(car_number):    #判断车牌号是否合法
    pattern1 =re.compile(u'[\u4e00-\u9fa5]?')
    pattern2 =re.compile(u'[A-Z]+')
    pattern3 =re.compile(u'[0-9]+')

    match = pattern1.search(car_number)
    match1 =pattern2.search(car_number)
    match2 =pattern3.search(car_number)
    if match and match1 and match2:
        return True
    else:
        return False
```

[**参数说明**]

(1) compile(u'[A-Z]+'):编译正则表达式,判断大写字母。

(2) compile(u'[0-9]+'):编译正则表达式,判断数字。

3.3.8.2 定义函数 check_contact_way

判定手机号码格式所用到的知识点与车牌号格式判定一致,不再累述。对于各种格式的正则表达式如何表达,请读者自行查阅相关知识点。

```
def check_contact_way(contact_way):    #判断手机号是否合法
    pattern = re.compile(u'1[3|4|5|6|7|8|9]\d{9}$')
    match = pattern.search(contact_way)
    if match:
        return True
    else:
        return False
```

3.3.8.3 定义函数 main

在 C、C++、Java 中,main 函数是程序执行的起点。Python 中,也有类似的运行机制,但方式却截然不同。Python 使用缩进对齐组织代码的执行,所有没有缩进的代码(非函数定义和类定义)都会在载入时自动执行,这些代码,可以认为是 Python 的 main 函数。

定义 main 函数作为程序的入口函数,在 main 函数中定义实现 RentManage 类的对象 rentmanage,然后调用 RentManage 类的各种方法实现功能,代码如下。

```
def main():
    rentmanage=RentManage()
    while True:
```

```
        rentmanage. menu( )
        choice = input("请输入:")
        if choice == "1":
            car_number = input("车牌号:")
            if check_car_number(car_number):#判断车牌号格式
                car_owner = input("车主姓名:")
                contact_way = input("车主联系方式:")
                if check_contact_way(contact_way):#判断电话号码格式(手机)
                    while True:
                        car_model = input("请选择车型:\n1.家用汽车\n2.巴士\n3.货车\n")
                        if car_model=="1":
                            car_brand=input("品牌:")
                            car_seats=input("座位数:")
                            newsedan=Sedan(car_number,car_owner,contact_way,car_brand,car
_seats)
                            rentmanage. Add(newsedan)#添加 1 辆轿车

                            break
                        elif car_model=="2":
                            car_brand = input("品牌:")
                            car_busload = input("载客量:")
                            newbus=Bus(car_number,car_owner,contact_way,car_brand,car_busload)
                            rentmanage. Add(newbus)
                            break
                        elif car_model=="3":
                            cargo_volume=input("承载体积:")
                            cargo_capacity = input("载重量(单位吨):")
                            length=input("长:")
                            weight=input("宽:")
                            height=input("高:")
                            newtruck=Truck(car_number,car_owner,contact_way,cargo_volume,
cargo_capacity,length,weight,height)
                            rentmanage. Add(newtruck)
                            break
                        else:
                            print("输入类型错误!")
                            continue
        elif choice == "2":#查询
            rentmanage. search_By_Number( )
```

```
    elif choice == "3":#显示
        rentmanage.show_Cars()
    elif choice == "4":#修改
        rentmanage.change_Carinfo()
    elif choice == "5":#删除
        rentmanage.delete_car()
    elif choice == "6":#出租
        rentmanage.Rent()
    elif choice == "7":#归还
        rentmanage.Return()
    elif choice=="8":#统计车辆信息
        rentmanage.statistics()
    else:
        pass
```

每个文件(模块)都可以任意写一些没有缩进的代码,并且在载入时自动执行,为了区分该文件是主执行文件还是被调用的文件,Python 引入了一个变量__name__,当文件被调用时,__name__的值为模块名,当文件被执行时,__name__为'__main__'。

在函数外,添加如下代码,其中 if __name__=="__main__":这个程序块类似于 Java 和 C 语言中的 main 函数,当运行此模块时,会首先执行 main 函数。

```
if __name__ == '__main__':
    main()
```

3.3.9 从 MySQL 数据库获取车辆信息

在完成上面的编码后,该租车管理系统已经能够运行起来,但是,每次录入的车辆信息在下一次启动程序后就没有了,那是因为所有的信息都保存在内存中。在 Python 中,数据可以保存在内存、文件和数据库中,在文件和数据库中数据可以被永久保存,本节将学习如何将数据保存至 MySQL 数据库。

3.3.9.1 下载安装 MySQL

MySQL 是一款开源的数据库软件,由于其免费性受到用户喜爱,是目前使用人数最多的数据库。

1. 下载 MySQL

在浏览器的地址栏输入 https://dev.mysql.com/downloads/installer/,选择 mysql-installer-community-8.0.19.0.msi 进行下载,单击“Download”进行下载,如图 3.13 所示。读者在使用时可根据需要下载不同版本。

在图 3.14 所示界面中,选择“No thanks, just start my download.”链接直接下载,而后注册。

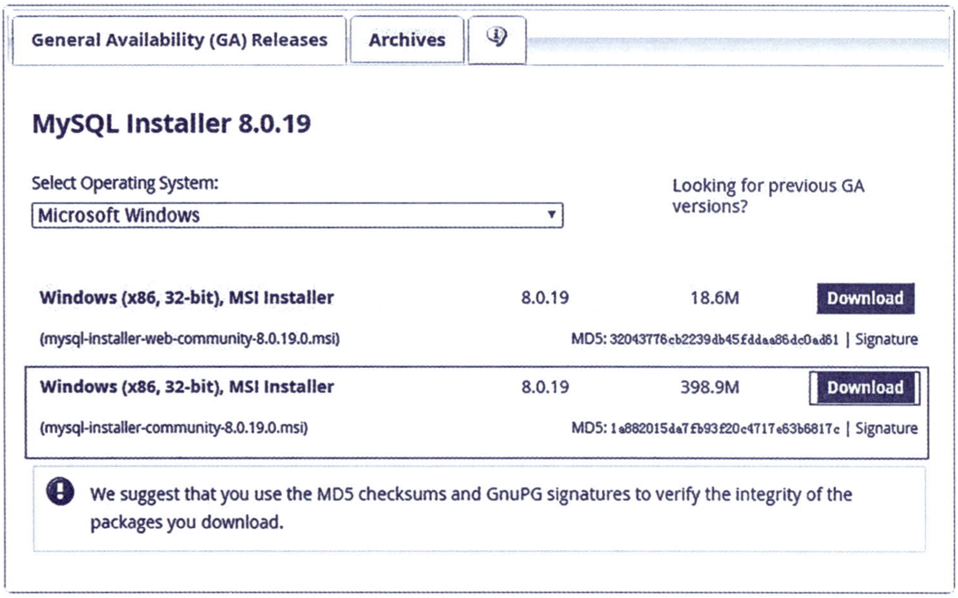

图 3.13　MySQL8.0 下载页面

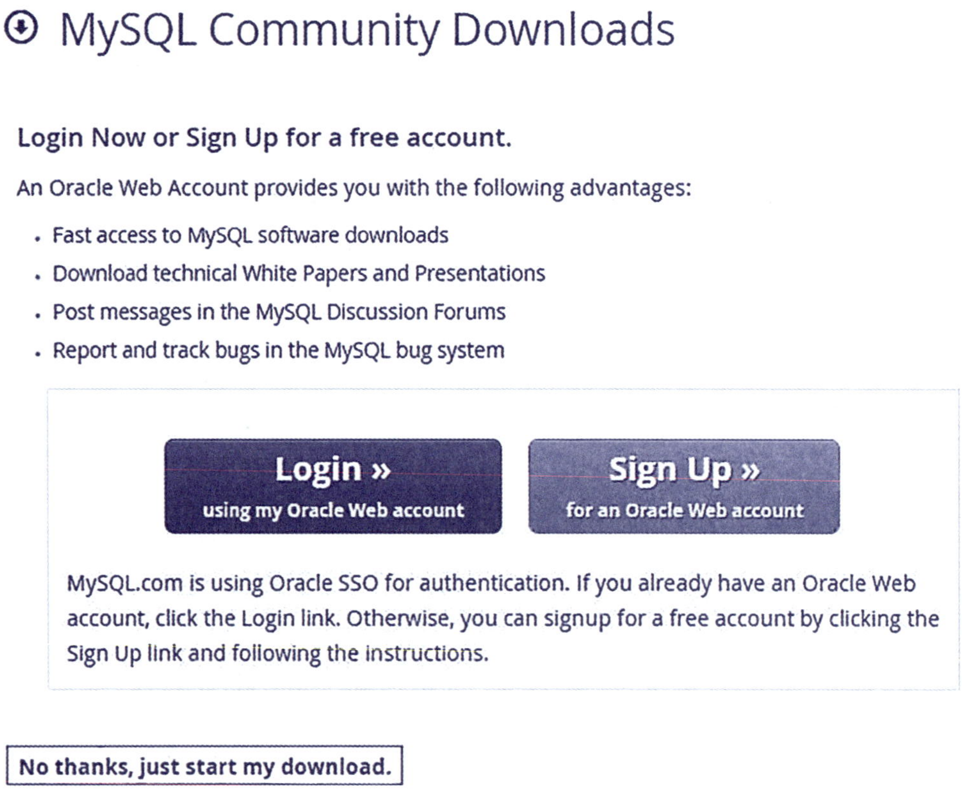

图 3.14　开始下载页面

2. 安装 MySQL

双击下载的安装文件，勾选“I accept the license terms”，单击“Next”按钮进入安装环节，在选择设置类型时，勾选“Server only”，表示仅安装 MySQL 服务器，该选项适用于部署 MySQL 服务器。

当出现图 3.15 所示对“Accounts and Roles”进行设置时，在文本框中输入连接数据库的密码，该密码在后续建立数据库连接时会用到。

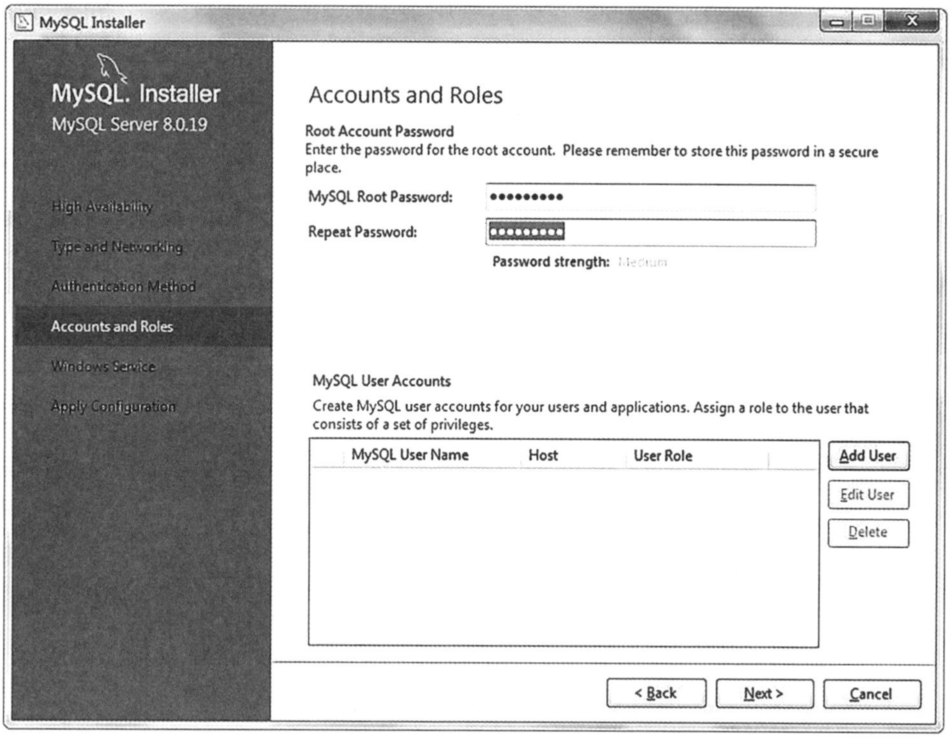

图 3.15 连接密码设置

3. 安装 Navicat for MySQL 管理软件

由于 MySQL 是在命令提示符下操作，对于没有学过 SQL 语言知识的初学者来说不方便使用，Navicat for MySQL 管理软件是广受好评的桌面版 MySQL 数据库管理和开发工具，图形化界面操作更方便。在浏览器的地址栏输入 https://www.navicat.com.cn，打开网站后如图 3.16 所示。

3.3.9.2 创建连接

下载 Navicat for MySQL 后，直接双击即可安装。打开 Navicat for MySQL，出现图 3.17 所示界面。

依次单击左上角“文件”→“新建连接”，出现如图 3.18 所示界面，输入连接名、用户名和密码，密码为在安装 MySQL 时设置的密码。

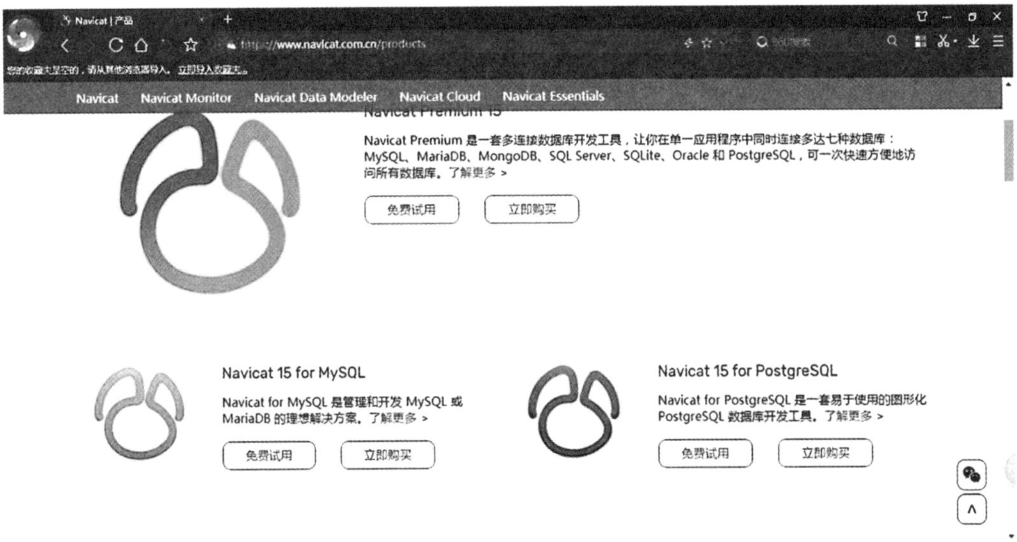

图 3.16　下载 Navicat for MySQL

图 3.17　Navicat for MySQL 运行界面

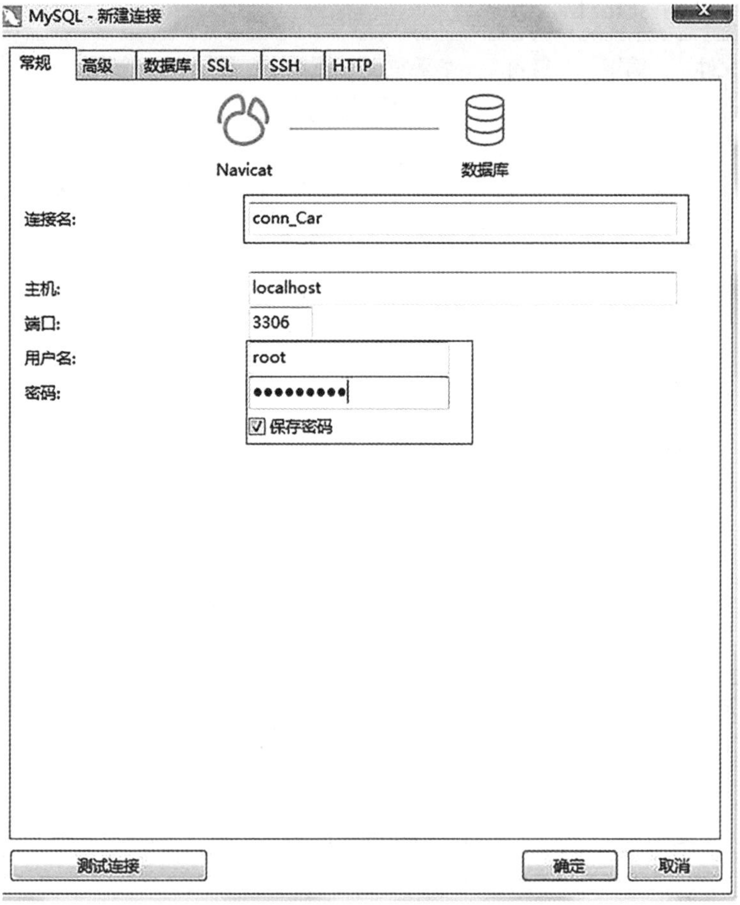

图 3.18　新建连接

3.3.9.3　创建数据库

双击“conn_Car”，进入数据库，可以看到当前连接下的数据库，右键单击“conn_Car”，选择“新建数据库”，如图 3.19 所示。

在弹出的“新建数据库”窗口中，输入数据库名，选择字符集和排序规则，设置好后单击“确定”，即在当前连接下已经创建了一个名为“CarManageSys”的数据库，如图 3.20 所示。

3.3.9.4　创建数据表

由于轿车类 Sedan、巴士类 Bus 和货车类 Truck 的属性有所不同，所以需要创建 3 个表分别存放 3 种类型车辆的数据。表结构如表 3.3、表 3.4、表 3.5 所示，为了对表操作方便，此处所有列类型均为可变字符串类型。

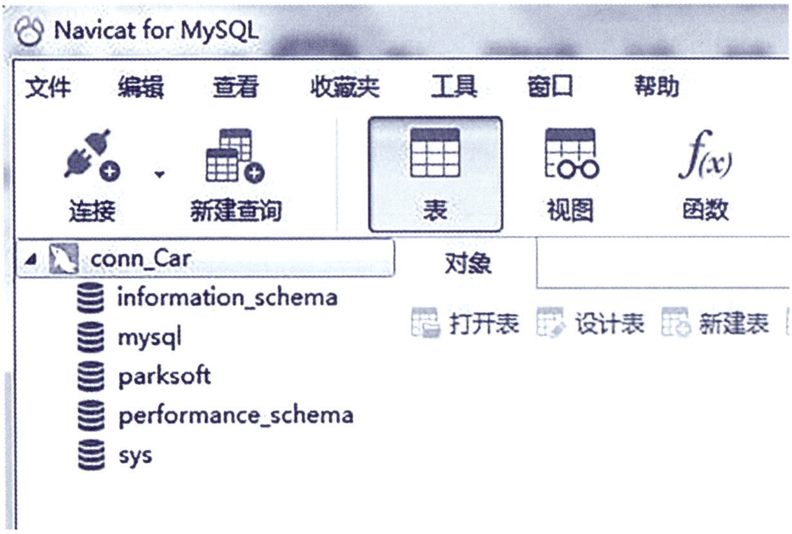

图 3.19　新建数据库

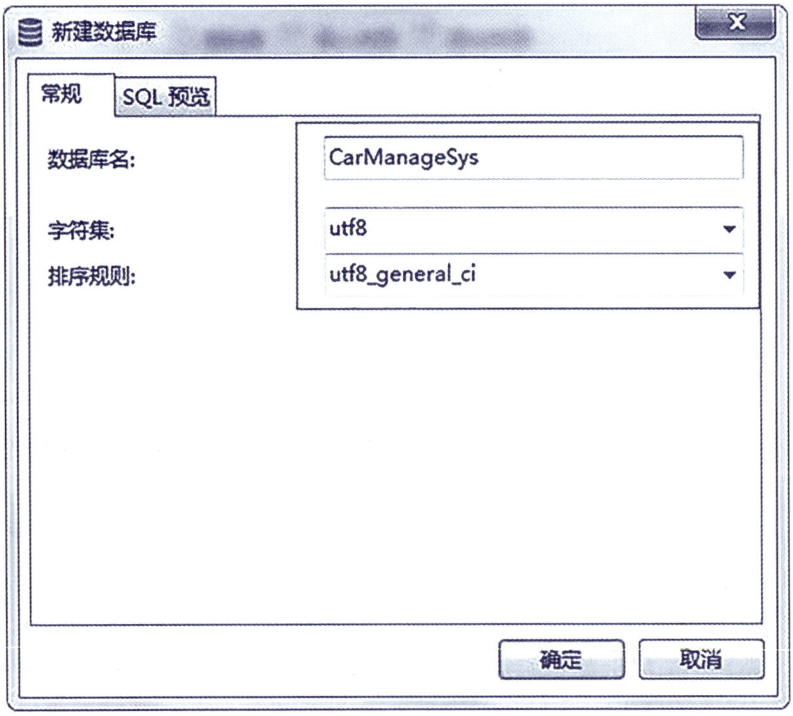

图 3.20　新建数据库窗口

表 3.3　　　　tb_Sedan 表结构

列名	类型	说明
number	varchar(20)	车牌号
owner	varchar(20)	车主姓名
phonenum	varchar(20)	车主电话
brand	varchar(20)	品牌
seats	varchar(20)	座位数
basic_charge	varchar(20)	默认值 1000
charge_day	varchar(20)	默认值 100
date_rent	varchar(20)	出租时间
date_return	varchar(20)	归还时间

表 3.4　　　　tb_Bus 表结构

列名	类型	说明
number	varchar(20)	车牌号
owner	varchar(20)	车主姓名
phonenum	varchar(20)	车主电话
brand	varchar(20)	品牌
busload	varchar(20)	载客量
basic_charge	varchar(20)	默认值 3000
charge_day	varchar(20)	默认值 500
date_rent	varchar(20)	出租时间
date_return	varchar(20)	归还时间

表 3.5　　　　tb_Truck 表结构

列名	类型	说明
number	varchar(20)	车牌号
owner	varchar(20)	车主姓名
phonenum	varchar(20)	车主电话
volume	varchar(20)	载货体积
capacity	varchar(20)	载货重量
length	varchar(20)	长
weight	varchar(20)	宽
height	varchar(20)	高
basic_charge	varchar(20)	默认值 5000

续表

列名	类型	说明
charge_day	varchar(20)	默认值 600
date_rent	varchar(20)	出租时间
date_return	varchar(20)	归还时间

右键单击“carmanagesys”数据库，在下级菜单中右键单击“表”，选择新建表，按照表 3.3 给表添加字段，完成后单击“保存”按钮，输入表名 tb_Sedan 后单击“确定”保存表，如图 3.21 所示。按照同样的方法创建表 tb_Bus 和表 tb_Truck。

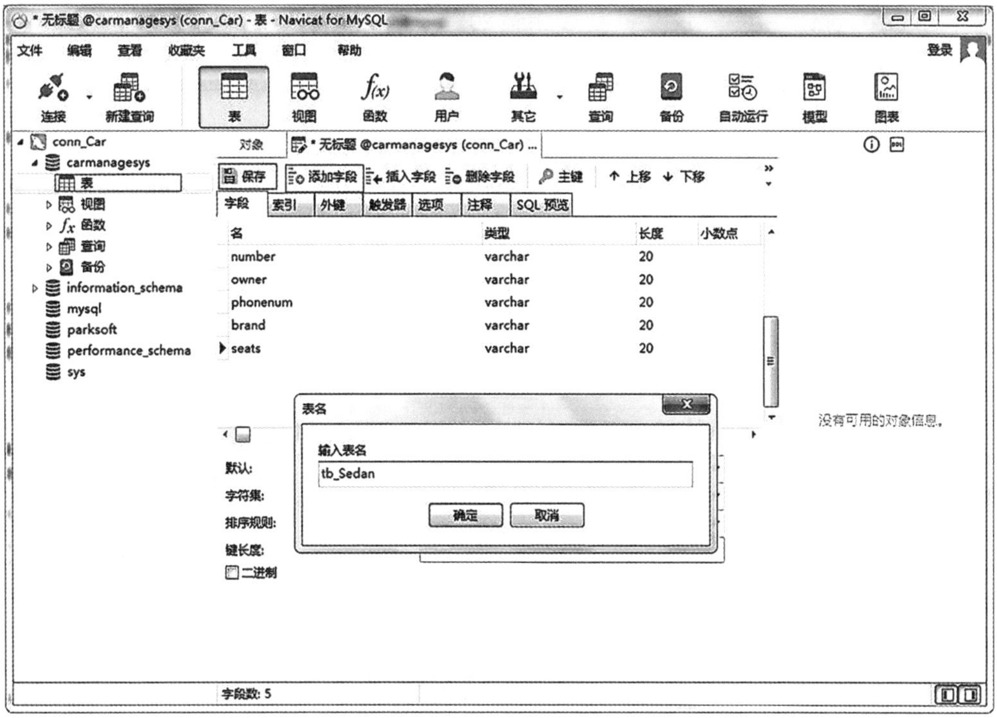

图 3.21　新建表

创建的连接、数据库和表如图 3.22 所示。

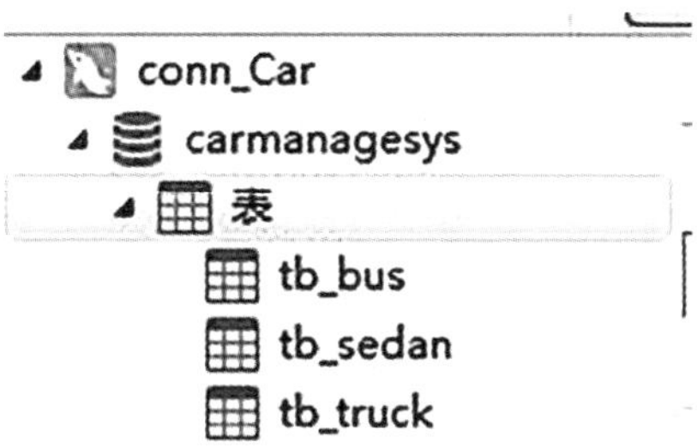

图 3.22　数据库表结构

然后在数据表中录入初始车辆信息。

3.3.9.5 从数据库获取信息到列表

MySQL数据表的操作主要包括数据的增、删、改、查。在本系统中我们只用到从数据表读取数据到列表中,和保存列表元素到数据表2个功能,其他增、删、改、查功能,读者可自行查阅相关文件。当系统打开时,希望获取上一次保存到系统里的车辆信息,这时需要从数据库表中把数据读出到car_list列表中,这个过程希望在启动系统运行时自动进行,所以把代码段写到__init__构造函数中。改写RentManage类中的__init__方法如下。

```
def __init__(self):
    # 存放停车车辆信息
    self.car_list = []
    #打开数据库连接(主机名或IP,用户名,用户密码,数据库名,)
    db = pymysql.connect("localhost", "root", "Cx&198512", "carmanagesys")
    #使用cursor()方法创建一个游标对象cursor
    cursor = db.cursor()
    #导入小汽车到列表
    #使用execute 方法执行SQL查询
    cursor.execute('select * from tb_sedan')
    #使用fetchall 方法获取所有查询数据
    results = cursor.fetchall()
    #将读取的每条数据作为一个汽车对象添加到car_list列表中
    for item in results:
onesedan=Sedan(item[0],item[1],item[2],item[3],item[4])
        self.car_list.append(onesedan)
    # 导入巴士到列表
    cursor.execute('select * from tb_bus')
    results = cursor.fetchall()
    for item in results:
        onebus=Bus(item[0],item[1],item[2],item[3],item[4])
        self.car_list.append(onebus)
    #导入货车到列表
    cursor.execute('select * from tb_truck')
    results = cursor.fetchall()
    for item in results:
onetruck=Truck(item[0],item[1],item[2],item[3],item[4],item[5],item[5],item[7])
        self.car_list.append(onetruck)
```

3.3.9.6 将列表信息保存到数据表中

为了让更改后的数据保存到数据库相关表中,在退出系统时将car_list的元素根据车辆类别分别保存到不同的表中,tb_sedan 数据表内容如图 3.23 所示。

number	owner	phonenum	brand	seats	rented	basic_charge	charge_day	date_rent	date_return
渝A1234	胡明	13287898767	福特	5	未出租	1000	100		
渝BMM123	胡霞	13287675646	奥迪	5	未出租	1000	100		
渝A123	王一	13299999999	福特	5	未出租	1000	100		
渝A1234	胡明	13287898767	福特	5	未出租	1000	100		
渝BMM123	胡霞	13287675646	奥迪	5	未出租	1000	100		

图 3.23　tb_sedan 数据表

代码如下。

```
    def __del__(self):
        db = pymysql.connect("localhost", "root", "Cx&198512", "carmanagesys")
        cursor = db.cursor()
        # 清空数据表 tb_sedan 内容,以免内容重复
        sql = "delete from tb_sedan"
        cursor.execute(sql)
        sql = "delete from tb_bus"
        cursor.execute(sql)
        sql = "delete from tb_truck"
        cursor.execute(sql)
        for newcar in self.car_list:
            if isinstance(newcar, Sedan):
                #向数据表插入一条数据
                addcar = (newcar.car_number, newcar.car_owner, newcar.contact_way, newcar.car_
brand, newcar.car_seats,newcar.rented,newcar.basic_charge,newcar.charge_day,newcar.date_rent,newcar.
date_return)
                cursor.execute("insert into tb_sedan(number,owner,phonenum,brand,seats,rented,basic
_charge,charge_day,date_rent,date_return) values(%s,%s,%s,%s,%s,%s,%s,%s,%s,%s)",addcar)
            elif isinstance(newcar, Bus):
                addcar = (newcar.car_number, newcar.car_owner, newcar.contact_way, newcar.brand,
newcar.busload, newcar.rented, newcar.basic_charge, newcar.charge_day, newcar.date_rent, newcar.date_
return)
                cursor.execute("insert into tb_bus(number,owner,phonenum,brand,busload,rented,
basic_charge,charge_day,date_rent,date_return) values(%s,%s,%s,%s,%s,%s,%s,%s,%s,%s)",
addcar)
            else:
                addcar = (newcar.car_number, newcar.car_owner, newcar.contact_way, newcar.cargo_
volume, newcar.cargo_capacity,
                    newcar.length, newcar.weight, newcar.height, newcar.rented, newcar.basic_charge,
newcar.charge_day,newcar.date_rent,newcar.date_return)
```

```
            cursor. execute( " insert into tb_truck( number, owner, phonenum, volume, capacity, length,
weight, height, rented) values( %s, %s, %s, %s, %s, %s, %s, %s, %s, %s, %s, %s, %s)", addcar)
        db. commit( )
        db. close( )
```

[参数说明]

(1) 在进行插入操作时,要注意 SQL 语句中,列数与插入数据个数需和顺序匹配。

(2) 本项目中未涉及对数据库的修改和删除操作,其大致与插入操作一致,不同的是 SQL 语句的写法,读者可自行查阅相关资料。

3.4 典型工作环节 4: 软件测试

软件测试的目的是发现软件程序中的错误,对软件是否符合设计要求以及是否符合合同中所要达到的技术要求,进行验证和评估。最终实现将高质量的软件系统交给用户的目的。在软件测试原则中有一个"尽早不断测试"的原则,意思是应当尽早不断地进行软件测试。据统计,约 60%的错误来自设计以前,修正一个软件错误所需的费用也随着软件生存周期的进展而上升,错误发现得越早,修正它所需的费用就越少。所以在初学编程时,要养成边编边测的习惯,不要等到整个程序写完才开始测试,这时往往会发现错误太多,无从下手。

在不同阶段所采取的测试方法是不一样的,按照顺序是单元测试、集成测试、系统测试和验收测试。单元测试主要是对该软件的模块进行测试,通过测试以发现该模块的实际功能出现不符合的情况和编码错误。由于该模块的规模不大,功能单一,结构较简单,且测试人员可通过阅读源程序清楚知道其逻辑结构,可采用静态测试方法,比如静态分析、代码审查等,对该模块的源程序进行分析,按照模块的程序设计的控制流程图,以满足逻辑测试要求的软件覆盖率。

在模块测试过程中,setting_Truck、setting_Bus、模块未发现错误,以下只对发现错误的模块进行记录,如表 3.6 至表 3.9 所示。

表 3.6　setting_Car 模块测试记录表

序号	测试内容	预期结果	实测结果	备注
1	测试类定义是否正确	无语法错误	未发现语法错误,但 car_count+=1 出现红色波浪线	

表 3.7　setting_Sedan 模块测试记录表

序号	测试内容	预期结果	实测结果	备注
1	测试类定义是否正确	无语法错误	class Sedan(Car): NameError: name 'Car' is not defined	

表 3.8 setting_Sedan 模块测试记录表

序号	测试内容	预期结果	实测结果	备注
1	测试类定义是否正确	无语法错误	db = pymysql. connect(" localhost", " root", " Cx&198512", " carmanagesys")在 pymysql 出现红色波浪线	

表 3.9 main 模块测试记录表

序号	测试内容	预期结果	实测结果	备注
1	测试语法错误	无语法错误	pymysql. err. InternalError: (1049, " Unknown database ' carsys' ")	
2	测试语法错误	无语法错误	re. compile(u' [\u4e00-\u9fa5]? ')在 re 下方出现红色波浪线	

修正以上模块错误后，可进行集成测试。集成测试是软件测试的第二阶段，在这个阶段，通常要对已经严格按照程序设计要求和标准组装起来的模块同时进行测试，确保该程序结构组装的正确性，发现和接口有关的问题，比如模块接口的数据是否会在穿越接口时发生丢失；各个模块之间因某种疏忽而产生的不利影响；将模块各个子功能组合起来后产生的功能要求达不到预期的功能要求；一些在误差范围内且可接受的误差由于长时间的积累进而达到了不能接受的程度；数据库因单个模块发生错误造成自身出现错误；等等。同时因为集成测试介于单元测试和系统测试之间，所以，集成测试具有承上启下的作用，有关测试人员必须做好集成测试工作。在这一阶段，一般采用的是白盒和黑盒结合的方法进行测试，验证这一阶段设计的合理性以及需求功能实现的可行性的测试结果如表 3.10 所示。

表 3.10 集成测试记录表

序号	测试内容	预期结果	实测结果	备注
1	测试添加车辆函数功能	无错误	pymysql. err. InternalError: (1049, " Unknown database ' carsys' ")	
2	测试从数据表中读取数据函数功能	将数据表中的数据读入到 car_list 列表中	car_list 列表为空，无数据	
3	测试添加车辆函数功能	能将车辆信息成功加入 car_list 列表中	输入电话后直接跳出，不能继续输入信息	
4	测试查找车辆函数功能	能按照车牌号查找到车辆，并输出相应信息	与预期一致	

续表

序号	测试内容	预期结果	实测结果	备注
5	测试修改车辆信息函数功能	能根据车牌号查找车辆，并修改用户名或联系方式	与预期一致	
6	测试删除车辆函数功能	能根据车牌号删除该辆车	与预期一致	
7	测试出租车辆函数功能	能记录当前系统时间为出租车辆时间	与预期一致	
8	测试归还车辆函数功能	能记录当前系统时间为归还车辆时间，并计算租金	租金计算结果错误	
9	测试 car_list 列表信息保存到数据表功能	在系统退出时自动保存	数据表全部为空	

集成测试完成后，可以进入系统测试。系统测试采用黑盒法来进行测试的，以此来检查该系统是否符合软件需求。本阶段的主要测试内容包括健壮性测试、性能测试、功能测试、安装或反安装测试、用户界面测试、压力测试、可靠性及安全性测试等。为了有效保证这一阶段测试的客观性，必须由独立的测试小组来进行相关的系统测试。另外，系统测试过程较为复杂，由于在系统测试阶段不断变更需求会造成功能的删除或增加，从而使程序不断出现相应的更改，而程序在更改后可能会出现新的问题，或者原本没有问题的功能由于更改导致出现问题。所以，测试人员必须进行回归测试。本项目未进行此阶段测试。

3.5 典型工作环节 5：文档编写

在编码、测试功能完成后，需要把项目提交给项目经理审核，附上必要的说明文件方便检查。本项目比较简单，这里只需要编写一个简单的说明文件，具体内容如下。

蚂蚁租车用户手册

蚂蚁租车系统可服务于车辆租赁商户，功能包括维护车辆信息、出租车辆收费计算、统计车辆信息，具体操作说明如下。

(1) 在运行该系统前确保已经安装 MySQL 数据库，可前往 https://dev.mysql.com/downloads/installer/进行下载，同时为了便于查看，可同时下载 Navicat for MySQL 管理软件。

(2) 模块文件说明：

setting_Car.py：基类定义文件。

setting_Sedan.py：轿车类定义文件。

setting_Truck. py：货车类定义文件。

setting_Bus. py：巴士类定义文件。

setting_Manage. py：车辆管理类文件。

main. py：主运行文件

(3) 在使用前可先将 carmanagesys 数据库附加到 MySQL。

(4) 运行程序时，按照菜单提示输入要执行功能的编号。

(5) 添加车辆信息。在添加车辆信息时会对录入的车牌号和电话号码进行格式检查：

车牌号：只能由汉字、大写字母和数字组成；

电话号码：要求第 1 位必须为 1，第 2 位为 3,4,5,6,7,8,9，一共为 11 位。

(6) 有任何问题请联系售后人员。

3.6 典型工作环节 6：程序交付

李慧完成了开发后，将程序源文件和数据库一同打包提交给公司项目经理检查。本节将介绍数据库的导入和导出的方式。

1. 导出数据库

使用 Navicat 连接到 MySQL，然后选中要导出的数据库，右键选择“转储 SQL 文件”，选择“结构和数据”，命名为 carmanagesys. sql，保存到本地中即可，如图 3. 24 所示。转存成功后，单击“关闭”就能看到在本地有保存的数据库脚本文件，如图 3. 25 所示。

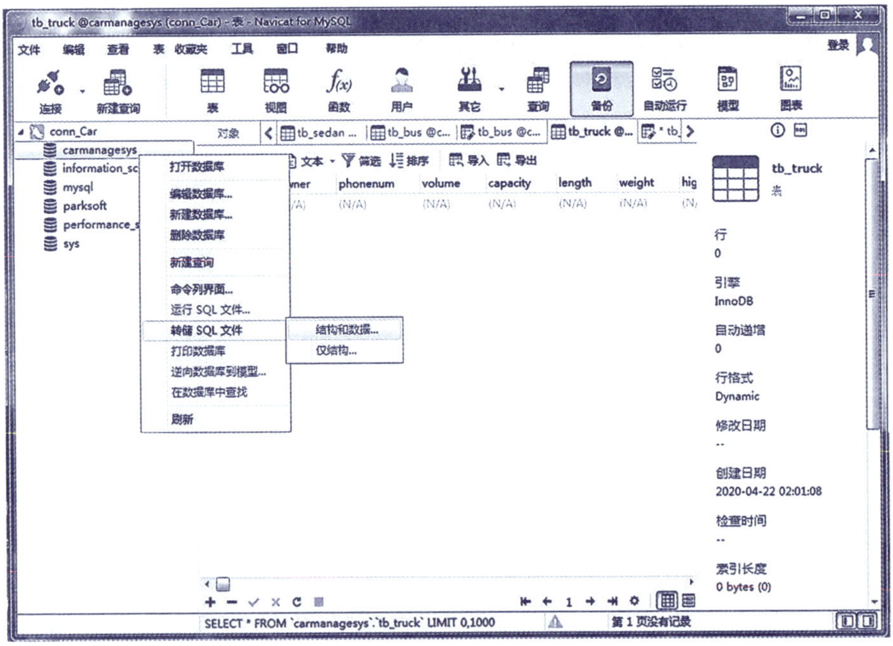

图 3. 24 转储数据库

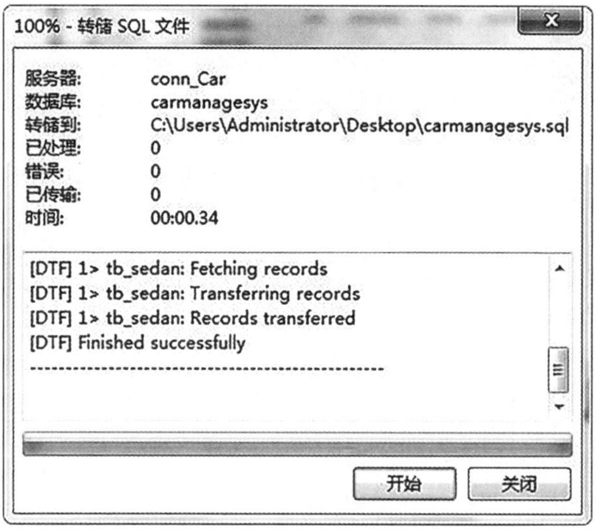

图 3.25　转存数据库成功

2. 导入数据库

在 Navicat 中新建一个数据库，名称必须与导出数据时的数据库同名，然后选择字符集，也需要跟之前创建的字符集一样。双击“carmanagesys”数据库，数据库颜色变绿了，然后选中“carmanagesys”并单击右键，选择运行 SQL 文件，选中“...”按钮，到本地中选择刚才导出的 carmanagesys. sql 文件。字符集选择“utf-8”，最后点击“开始”按钮即可完成数据库的导入，如图 3.26 所示。

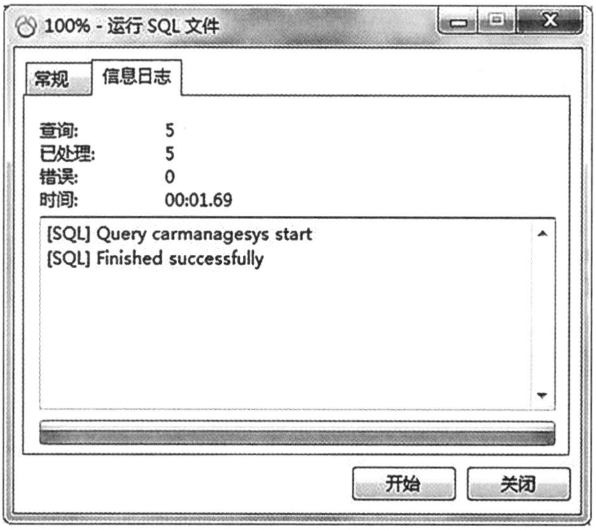

图 3.26　运行 SQL 文件

将导出的数据库，连同模块文件一起交付即可。

3.7 项目总结

（1）面向对象编程设计是在面向过程程序设计的基础上发展而来的，具有更强的灵活性和扩展性。

（2）面向对象是一种设计思路，对象是指客观世界中存在的对象，具有唯一性。面向对象技术是一种从组织结构上模拟客观世界的方法。

（3）面向对象具有三大特性：封装、继承和多态。

（4）类是具有相同属性和方法的对象的集合。在使用时，要先定义类，再创建类的实例，通过实例访问类中的属性和方法。

（5）类中自动创建的__init__方法和__del__方法是两个特殊方法。当创建一个类的新实例时，会自动调用，通常用来实现实例的初始化。当实例被销毁时会自动调用__del__方法，通常用来实现数据的自动保存等功能。

（6）继承可以实现代码重用，还可以用来表达类与类之间的关系。Python 的继承支持单继承和多继承。

（7）在进行方法重写时，子类中的方法名要与父类中的方法名一致。继承和方法重写是实现多态的技术基础。

（8）使用 MySQL 进行数据存储时，要导入 pymysql 模块。

（9）操作数据库的基本步骤：创建数据库连接、打开连接、数据读写、关闭连接。

3.8 单项技能训练

一、选择题

1. 类中的(　　)对应一个类可以用来保存哪些数据。

A. 属性　　B. 方法

C. 数据　　D. 对象

2. 类中在特定情况下由系统自动执行的方法是(　　)。

A. 类方法　　B. 静态方法

C. 内置方法　　D. 普通方法

3. 析构方法的形参个数为(　　)。

A. 0　　B. 1

C. 至少 1 个　　D. 不限

4. 用于获取父类代理对象的方法是(　　)。

A. parent　　B. proxy

C. delegate　　D. super

5. 类方法的第一个形参对应(　　)。

A. 类　　B. 对象

C. 第一个实参　　D. 第二个实参

6. 为A类中的t属性定义一个获取属性值的方法(即getter),则应使用(　　)装饰器。

A. @property　　B. @t.getter

C. @property.getter　　D. t.property.getter

7. 定义一个汽车类(Car),属性有颜色、品牌、车牌号、价格,以下构造方法定义正确的是(　　)。

A.
```
def __init__(self,color,brand,plate,price):
        self.color = color
        self.brand = brand
        self.plate = plate
        self.price = price
```

B.
```
def __init__(color,brand,plate,price):
        color = color
        brand = brand
        plate = plate
        price = price
```

C.
```
def __init__(color,brand,plate,price,self):
        self.color = color
        self.brand = brand
        self.plate = plate
        self.price = price
```

D.
```
def init(self,color,brand,plate,price):
        self.color = color
        self.brand = brand
        self.plate = plate
        self.price = price
```

8. 设计一个立方体类Box如下所示,定义三个属性,分别是长、宽、高。定义两个方法,分别计算并输出立方体的体积和表面积。

```
class Box():
    def __init__(self,length,width,height):
        self.length = length
        self.width = width
        self.height = height
```

```
    def volume(self):
        print(self.length * self.width * self.height)
    def superficial(self):
        print(2 * (self.length * self.width+self.length * self.height+self.width * self.height))
```

以下代码不能正确运行的是(　　)。

A. b = Box(1,1,1)　　　　B. b.volume()

C. b.superficial()　　　　D. Box.volume()

9. 以下说法错误的是(　　)。

A. 类是对象的抽象

B. 对象是类的实例

C. 构造方法在创建实例对象时自动调用

D. 新建对象必须使用 new 关键字

10. 以下说法错误的是(　　)。

A. 子类可以继承父类的变量和方法

B. 子类中可以定义自己的变量和方法

C. 子类不能同时继承多个父类

D. 子类中对父类的同名方法进行重写

二、填空题

1. Python 使用________关键字来定义类。

2. 在 Python 中,不论类的名字是什么,构造方法的名字都是________。

3. 如果在设计一个类时实现了__contains__()方法,那么该类的对象会自动支持________运算符。

4. 面向对象程序设计的三要素分别为________、________和________。

5. 类的方法中必须有一个________参数,位于参数列表的开头。

6. Python 提供了名称为________的构造方法,实现让类的对象完成初始化。

7. 请将下面程序补充完整。

```
class Student:
    pass
if __name__=='__main__':
    stu1=Student()
    ________='unknown'
    ________=19
    print(stu1.name) #输出 unknown
print(stu1.age) #输出 19
```

8. 请将下面程序补充完整。

```
class Student:
    def ________(self,________):
```

```
        self. name = name
    def PrintInfo( self) :
        print('姓名:%s' %self. name)
if __name__ = ='__main__' :
    stu1 = Student( )
    stu2 = Student('李晓明')
    stu1. PrintInfo( ) #输出“姓名:unknown”
    stu2. PrintInfo( ) #输出“姓名:李晓明”
```

9. 请将下面程序补充完整。

```
class A:
    ________:
        print('A 类的方法被调用!')
________:
    def fb( self) :
        print('B 类的方法被调用!')
if __name__ = ='__main__' :
    b = B( )
    b. fa( )
    b. fb( )
```

10. 请写出下面程序的运行结果:

```
class player( ) :
    def __init__( self, height, weight, name) :
        self. height = height
        self. name = name
    def man( self) :
        print( self. height, self. name)
p1 = player( 2. 2, "姚明")
p2 = player( 2. 25, "科比")
p1. man( )
p2. man( )
```

三、编程题

1. 请定义一个 Circle 类,具体要求为:

(1) 每个 Circle 类对象可存储圆心和半径信息;

(2) 方法 SetCenter 和 SetRadius 用于设置圆心和半径;

(3) 方法 PrintInfo 用于输出圆的信息;

(4) 方法 GetArea 计算圆的面积。

2. 请定义一个 Time 类,具体要求为:

(1) 每个 Time 类对象可以存储一个时间(属性为时、分、秒);

（2）方法 SetTime 用于设置当前时间；

（3）方法 AddOneSec 用于实现每次增加 1 秒的功能；

（4）方法 PrintTime 用于输出当前时间。

3. 请定义一个 Cylinder 类，具体要求为：

（1）每个 Cylinder 类对象可以存储一个圆柱体（属性为半径和高）；

（2）添加构造方法用于初始化圆柱体的半径和高；

（3）方法 PrintInfo 用于输出圆柱体的信息；

（4）方法 GetVolume 用于计算圆柱体的体积。

3.9 实战演练

实训 1：面积计算器

计算常见图形面积在日常生活中经常用到，本实训要求定义一个面积计算器，可以计算长方形、圆形和三角形的面积。

（1）定义父类形状类 Shape，包含一个用于求面积的方法 Area()。

（2）定义子类 Rectangle，包含属性长、宽，重写父类方法 Area()，求长方形面积。

（3）定义子类 Triangle，包含属性三条边，重写父类方法 Area()，求三角形面积。

（4）定义子类 Circle，包含属性半径，重写父类方法 Area()，求圆形面积。

（5）在主函数中测试各类的功能。

实训 2：修改项目 2 中实训 2 校园歌手大赛打分系统

在 MySQL 数据库中新建名为 SingerSys 的数据库，为项目 2 中实训 2 校园歌手大赛打分系统添加信息保存功能，具体如下：

（1）保存选手基本信息到名为 tb_Player 的数据表中。

（2）保存评委信息到名为 tb_Judge 的数据表中。

（3）保存比赛排名信息到名为 tb_Result 的数据表中，包括选手编号、平均分、名次信息。

小提示

与项目 3 的实战演练相配套使用表单详见工作任务单 3。

项目 4 豆瓣网图书 Top250 信息采集系统

项目概述

随着互联网的普及，以豆瓣网为代表的社交网站上提供了关于很多书籍作品的信息，豆瓣用户每天都在对“读过”的书进行“很差”到“力荐”的评价，豆瓣根据每本书读过的人数以及该书所得的评价等综合数据，分析产生了豆瓣图书 Top250。本项目使用 Python 语言对豆瓣图书 Top250 进行数据采集，并将采集到的数据保存到计算机上。同时，用户还可以通过书目列表对应连接读取到相应的图书信息。

学习目标

（1）掌握爬虫的基本原理和流程；

（2）掌握 Requests 模块、Lxml 模块、CSV 模块的操作和使用，尤其是使用 Requests 模块、Lxml 模块进行数据获取和数据解析。

4.1 典型工作环节 1：需求分析

为顺应互联网时代用户阅读需求，豆瓣网图书 Top250 信息采集具备以下功能。

（1）抓取图书书名信息。

（2）抓取图书信息的 URL 信息。

（3）抓取图书的第一作者信息。

（4）抓取图书出版社信息。

（5）抓取图书价格信息。

(6) 抓取图书评价信息。
(7) 将抓取的信息存储至指定文件。

4.2 典型工作环节 2：系统设计

4.2.1 系统功能设计

豆瓣网图书 Top250 信息采集主要分为数据抓取、数据解析和数据存储三部分。具体功能结构如图 4.1 所示。

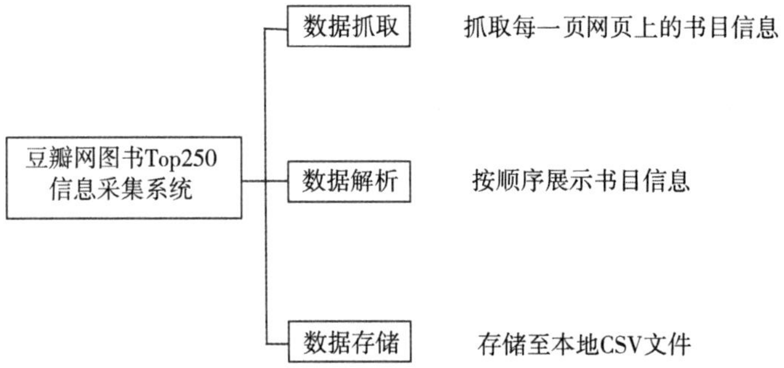

图 4.1 系统功能设计

4.2.2 系统业务流程

在开发豆瓣网图书 Top250 信息采集系统之前，应该先了解系统的业务流程，以方便定制开发计划。根据对采集系统的需求分析及功能分析，设计如图 4.2 所示的系统业务流程。

4.2.3 系统开发环境

本系统开发及运行环境如下。
(1) 操作系统：Windows7 或以上。
(2) Python 版本：Python3.7。
(3) 开发工具：PyCharm、Anaconda。

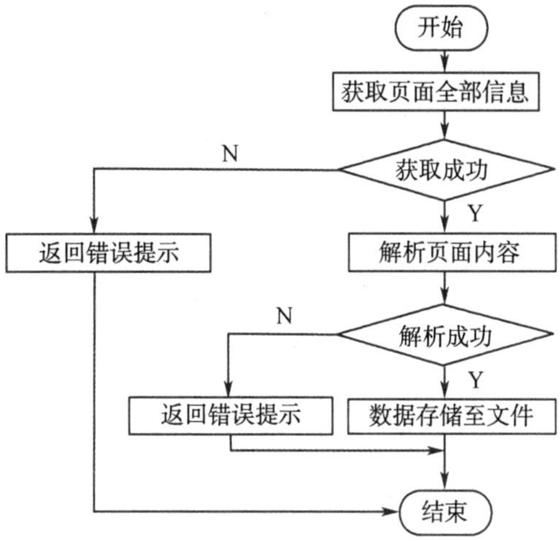

图 4.2　系统业务流程

4.3　典型工作环节 3：软件编码

4.3.1　爬虫基本原理

使用浏览器访问网页时,网络到底做了什么？本小节将简单地介绍网络连接过程,并以此介绍爬虫原理。

计算机一次请求(Request)和服务器端的响应(Response),即实现了网络连接。

Request:每一个展示在用户面前的网页都必须经过这一步骤,也就是向服务器发送访问请求。

Response:服务器在接收到用户的请求后,会验证请求的有效性,然后向用户(客户端)发送响应的内容,将内容展示出来,即响应请求,如图 4.3 所示。

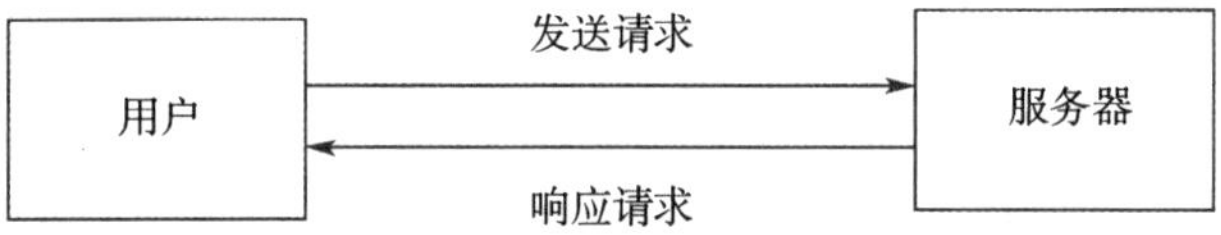

图 4.3　网页请求过程

了解网络连接的基本原理后,爬虫原理就很好理解了。爬虫所需的两件事如下。

(1) 模拟计算机对服务器发起 Request 请求。

(2) 接收服务器端的 Response 内容并解析、提取所需的信息。

4.3.2 安装第三方模块

根据爬虫原理可知爬虫的任务:请求网页和解析提取信息,从这两个方面入手,需要首先安装请求和解析网页的 Python 第三方模块。

如果只安装了 Python,在使用第三方模块的功能时就需要安装第三方模块。由于 Python 语言的版本很多,一些版本间区别较大,在安装第三方模块时要考虑安装的模块和当前的 Python 版本是否匹配。如果出现版本不匹配的问题,在程序运行时就有可能出错。为了避免在安装第三方模块时出现版本问题,本项目选择使用了 Anaconda 来管理 Python 的第三方模块的安装。Anaconda 中已经集成了一大批科学包及其依赖项,本项目使用的请求模块 Requests、解析模块 Lxml 等库都已集成至 Anaconda。

用户访问 Anaconda 官网后,选择合适的版本下载,如下载 Windows 系统下的 Python 3.7,如图 4.4 所示。

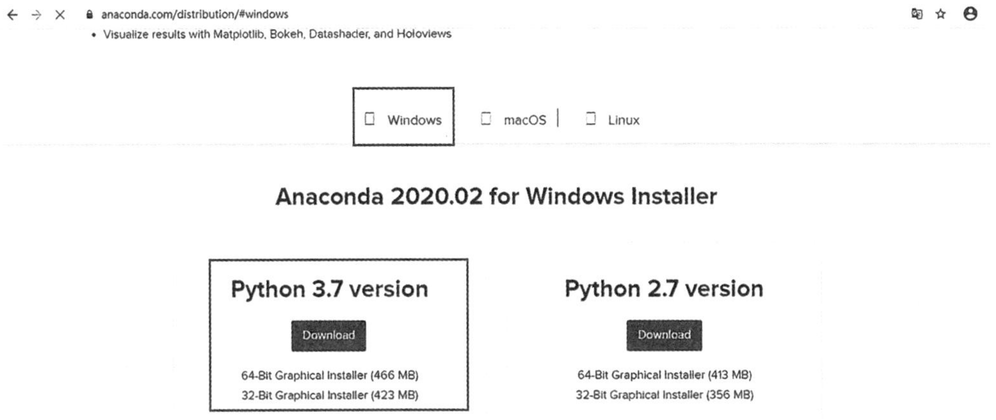

图 4.4 Anaconda 下载

下载完成后,根据提示安装即可。

4.3.3 获取数据

4.3.3.1 确定数据来源

观察豆瓣网图书 Top250 网站对图书的数据展示以及 Web 网页工具如何调试数据,本案例主要使用网页展示数据并进行获取。当所有数据都加载成功后,网页会以规范的格式进行可视化展示数据,可以通过解析 HTML 网页结构获取数据。

4.3.3.2 使用 Requests 模块获取数据

Requests 模块是一个用于网络访问的模块,其作用就是请求网站获取网页数据,在确定了需要获取数据的数据源之后,就可以使用 Requests 模块进行网络数据编程,获取原始数据。

具体步骤介绍如下。

步骤1:导入模块 Requests。

```
#导入模块 Requests
import requests
```

步骤2:设置访问地址。通过多次访问百度网页(https://book.douban.com/top250)搜索数据,确定请求地址。

```
# 定义访问网页地址
https://book.douban.com/top250
```

步骤3:设置请求头信息。部分网站设置了请求头信息监测,需要在模拟访问前设置请求头信息,请求头信息在 Python 程序中以 json 格式设置。若不需要设置,跳过这一步骤。

```
# 定义请求头信息
headers = {
    "User-Agent": "Mozilla/5.0 (Windows NT 6.1; WOW64) AppleWebKit/537.36 (KHTML, like Gecko) Chrome/72.0.3626.96 Safari/537.36"}
```

步骤5:调用函数,发起请求。当一切就绪,调用 Requests 库中的 get() 函数,发起网络请求,获取响应结果。

```
# 调用 get() 函数访问网页,获取响应结果
response = requests.get(url, headers=headers)
```

步骤6:显示结果。将网络请求结果以文本方式展现。

```
# 将相应结果以文本格式输出
print(response.text)
```

在本案例中,创建一个函数 getBookData() 获取网页页面中的图书数据。具体实现如下。

```
# 导入模块 Requests
import requests


def getBookData(url):
try:
    headers = {
    'User-Agent': 'Mozilla/5.0 (Windows NT 10.0; Win64; x64) AppleWebKit/537.36 (KHTML, like Gecko) Chrome/80.0.3987.132 Safari/537.36'
        }
    response = requests.get(url, headers=headers)
    if response.status_code == 200:
```

```
            return response.text
        return None
    except RequestException:
        return None
```

4.3.4 数据解析

4.3.3 节使用 Requests 模块获取到了图书数据，但是响应的数据格式太杂乱，所以需要将获取到的原始数据进行解析，只获取需要的数据块内容。

从返回数据中分析，需要展示的数据内容有：图书名、图书信息的 url、作者、出版信息、价格、评论等基本信息，可使用 Lxml 模块解析原始数据，并提取有用数据。

4.3.4.1 认识 Lxml 库

Lxml 为 XML 解析库，但也能很好地支持 HTML 文档的解析功能，这为使用 Lxml 模块爬取网络信息提供了支持条件。

1. 读取 HTML 文件

通过 PyCharm 建一个 test.html。在所需建立文件的位置单击右键，在弹出的快捷菜单中选择“New”→“HTML File”命令，如图 4.5 所示。

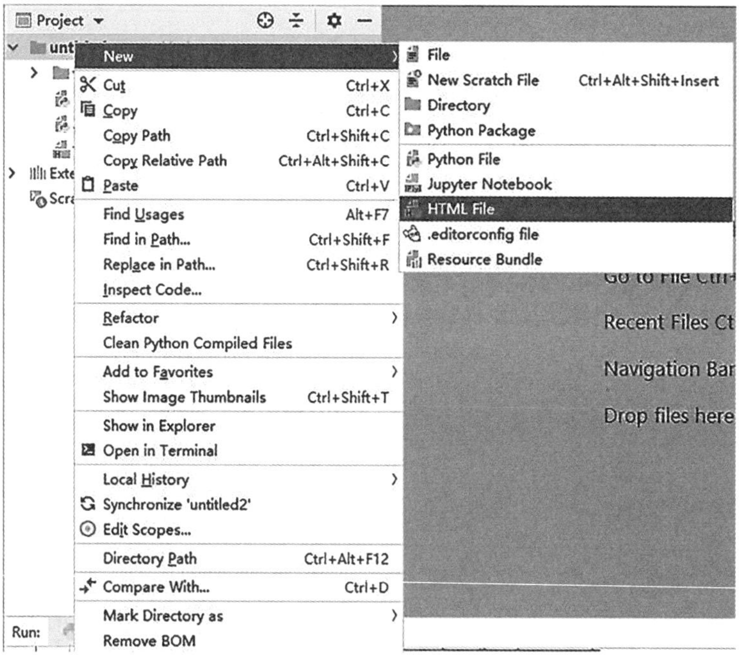

图 4.5 新建 HTML

新建好的 HTML 文件已经自动生成了 html、head 和 body 标签，添加一些标签形成如图

4.6、图 4.7 所示的 HTML 文档。

```
<!DOCTYPE html>
<html lang="en">
<head>
    <meta charset="UTF-8">
    <title>Title</title>
</head>
<body>
<div>
    <ul>
        <li class="red"><h1> red car </h1></li>
        <li class="white"><h2> white car </h2></li>
        <li class="black"><h3> black car </h3></li>
        <li class="green"><h4> green car </h4></li>

    </ul>
</div>

</body>
```

图 4.6　写入 HTML 文件

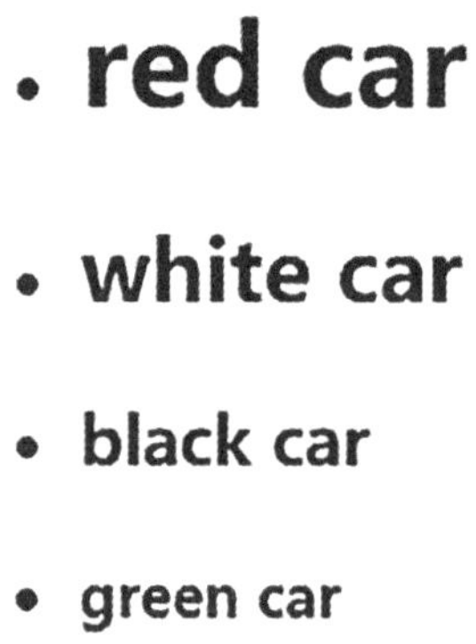

图 4.7　打开 HTML

2. 解析 HTML

完成了前面的步骤后，便可以利用 Requests 模块获取 HTML 文件，用 Lxml 模块来解析 HTML 文件。

```
#解析 HTML 文件
import  requests
from  lxml import etree
headers = {'User-Agent':'Mozilla/5.0 (Windows NT 10.0; Win64; x64) AppleWebKit/537.36 (KHTML, like Gecko) Chrome/80.0.3987.132 Safari/537.36'}
```

```
url='https://book.douban.com/top250'
res=requests.get(url,headers=headers)
html=etree.HTML(res.text)
result=etree.tostring(html)
print(result)
```

程序运行结果如图 4.8 所示。

```
D:\爬虫>python test.py
b'<html lang="zh-cmn-Hans" class="ua-windows ua-webkit book-new-nav">\n<head>\n  <meta http-equiv="Content-Type" content
="text/html; charset=utf-8"/>\n  <title>&#35910;&#29923;&#35835;&#20070; Top 250</title>\n  \n<script>!function(e){var o
=function(o,n,t){var c,i,r=new Date;n=n||30,t=t||"/",r.setTime(r.getTime()+24*n*60*60*1e3),c="; expires="+r.toGMTString(
);for(i in o)e.cookie=i+"="+o[i]+c+"; path="+t},n=function(o){var n,t,c,i=o+"=",r=e.cookie.split(";");for(t=0,c=r.length
;t&lt;c;t++)if(n=r[t].replace(/^\\s+|\\s+$/g,""),0==n.indexOf(i))return n.substring(i.length,n.length).replace(/\\"/g,""
);return null},t=e.write,c={"douban.com":1,"douban.fm":1,"google.com":1,"google.cn":1,"googleapis.com":1,"gmaptiles.co.k
r":1,"gstatic.com":1,"gstatic.cn":1,"google-analytics.com":1,"googleadservices.com":1},i=function(e,o){var n=new Image;n
.onload=function(){},n.src="https://www.douban.com/j/except_report?kind=ra022&amp;reason="+encodeURIComponent(e)+"&amp;e
nvironment="+encodeURIComponent(o)},r=function(o){try{t.call(e,o)}catch(e){t(o)}},a=/&lt;script.*?src\\=["\']?([^"\'\\s&
gt;]+)/gi,g=/http:\\/\\/(.+?)\\.([^\\/]+).+/i;e.writeln=e.write=function(e){var t,l=a.exec(e);return l&amp;&amp;(t=g.exe
c(l[1]))?c[t[2]]?void r(e):void("tqs"!==n("hj")&amp;&amp;(i(l[1],location.href),o({hj:"tqs"},1),setTimeout(function(){lo
cation.replace(location.href)},50))):void r(e)}}(document);\n</script>\n\n  \n  <meta http-equiv="Pragma" content="no-ca
che"/>\n  <meta http-equiv="Expires" content="Sun, 6 Mar 2005 01:00:00 GMT"/>\n  \n  <script>var _head_start = new Date(
);</script>\n  \n  <link href="https://img3.doubanio.com/f/book/1604a80024fc12b4f7a3c77519ba00486636863f/css/book/master
.css" rel="stylesheet" type="text/css"/>\n\n  <link href="https://img3.doubanio.com/f/book/222a5c61e041638af8defc87cf97f
4a863a77922/css/book/base/init.css" rel="stylesheet"/>\n  <style type="text/css"/>\n  <script src="https://img3.doubanio
.com/f/book/0495cb173e298c28593766009c7b0a953246c5b5/js/book/lib/jquery/jquery.js"/>\n  <script src="https://img3.douban
io.com/f/shire/5ecaf46d6954d5a30bc7d99be86ae34031646e00/js/douban.js"/>\n  <script src="https://img3.doubanio.com/f/book
/165dc24cf2570e1b0d6294c948e46f3bc8259388/js/book/master.js"/>\n  \n\n  \n  <script>  </script>\n  <!-- COLLECTED CSS --
>\n\n  <link rel="shortcut icon" href="https://img3.doubanio.com/favicon.ico" type="image/x-icon"/>\n</head>\n<body>\n
\n    <script>var _body_start = new Date();</script>\n    \n  \n\n\n\n    <link href="//img3.doubanio.com/dae/accounts/r
esources/f5f3d66/shire/bundle.css" rel="stylesheet" type="text/css"/>\n\n\n\n<div id="db-global-nav" class="global-nav">
\n  <div class="bd">\n    \n<div class="top-nav-info">\n  <a href="https://accounts.douban.com/passport/login?source=boo
k" class="nav-login" rel="nofollow">&#30331;&#24405;/&#27880;&#20876;</a>\n</div>\n\n\n    <div class="top-nav-doubanapp
">\n  <a href="https://www.douban.com/doubanapp/app?channel=top-nav" class="lnk-doubanapp">&#19979;&#36733;&#35910;&#299
23;&#23458;&#25143;&#31471;</a>\n  <div id="doubanapp-tip">\n    <a href="https://www.douban.com/doubanapp/app?channel=q
ipao" class="tip-link">&#35910;&#29923; <span class="version">6.0</span> &#20840;&#26032;&#21457;&#24067;</a>\n    <a hr
ef="javascript: void 0;" class="tip-close">&#215;</a>\n  </div>\n  <div id="top-nav-appintro" class="more-items">\n    <
```

图 4.8　解析网页数据

4.3.4.2　Xpath 解析数据

Xpath 是一门在 XML 文档中查找信息的语言，对 HTML 文档也能有很好的支持。下面介绍 Xpath 的常用语法。

1. 节点关系

(1) 父节点

每个元素以及属性都有一个父节点。示例中，book 元素是 title、author、year 以及 price 元素的父节点。

```
#示例
<book>
    <title> Hello World </title>
    <author>xiao ming</author>
    <year>2019</year>
    <price>35</price>
</book>
```

（2）子节点

元素节点可有零个、一个或多个子节点，示例中，title、author、year 以及 price 元素都是 book 元素的子节点。

```
#示例
<book>
    <title> Hello World </title>
    <author>xiao ming </author>
    <year>2020/year>
    <price>35</price>
</book>
```

（3）同胞节点

同胞节点拥有相同的父的节点，示例中，title、author、year 以及 price 元素都是同胞节点。

```
#示例
<book>
    <title> Hello World </title>
    <author>xiao ming</author>
    <year>2020</year>
    <price>35</price>
</book>
```

（4）先辈节点

先辈节点指某节点的父节点、父节点的父节点，等等。示例中，title 元素的先辈节点是 book 元素和 bookstore 元素。

```
#示例
<bookstore>

<book>
    <title> Hello World </title>
    <author>xiao ming </author>
    <year>2020</year>
    <price>35</price>
</book>

</bookstore>
```

（5）后代节点

后代节点指某个节点的子节点，子节点的子节点，等等。示例中，bookstore 元素的后代节点是 book、title、author、year 以及 price 元素。

```
#示例
<bookstore>

<book>
    <title>Hello World </title>
    <author>xiao ming</author>
    <year>2020</year>
    <price>35</price>
</book>

</bookstore>
```

2. 节点选择

节点通过是沿着路径或者 step 来选取的。XPath 使用路径表达式在 XML 文档中选取节点。常用的路径表达式如表 4.1 所示。

表 4.1　　节点选择

表达式	描　　述
nodename	选取此节点的所有子节点
/	从根节点选取
//	从匹配选择的当前节点选择文档中的节点,而不考虑它们的位置
.	选取当前节点
..	选取当前节点的父节点
@	选取属性

通过前面例子进行举例,如表 4.2 所示。

表 4.2　　节点选择实例

路径表达式	结　　果
bookstore	选取 bookstore 元素的所有子节点
/bookstore	选取根元素 bookstore。 注释:假如路径起始于正斜杠(/),则此路径始终代表到某元素的绝对路径
bookstore/book	选取属于 bookstore 的子元素的所有 book 元素
//book	选取所有 book 子元素,而不管它们在文档中的位置
bookstore//book	选择属于 bookstore 元素的后代的所有 book 元素,而不管它们位于 bookstore 之下的什么位置
//@lang	选取名为 lang 的所有属性

例 1:通过下面源代码练习使用常用的路径表达式,引入源代码如下。

```
soure = '''
<html>
<head>
<title>演示测试</title>
</head>
<body>
    <div id="dhl"><p>lorem <span>poium</span></p></div>
    <div class="ulcs">
        <ul>
        <li>ul 测试 1</li>
        <li>ul 测试 2</li>
        <li>ul 测试 3</li>
        </ul>
    </div>
    <div id="img"><img src="D:\屏图\noPermissions.jpg"></div>
</body>
</html>
'''
import lxml.html as xhtml
doc = xhtml.fromstring(soure)
```

通过根目录选取 head 节点代码如下。

```
result=doc.xpath('/html/head')
```

获取 head 节点下的 title 节点代码如下。

```
result=doc.xpath('head/title')
```

选取所有 div 节点代码如下。

```
result=doc.xpath('//div')
```

获取 div 下的所有 li 节点代码如下。

```
result=doc.xpath('//div[2]//li')
```

获取 id="img" 的节点代码如下。

```
result=doc.xpath('//div[@id="img"]')
```

既先获取所有 div,再从这些 div 中获取 id="img" 的 div。

Xpath 语法中的谓语用来查找某个特定的节点或者包含某个指定的值的节点,谓语被嵌在方括号中。常见的谓语如表 4.3 所示。

表 4.3 谓语

路径表达式	结果
/bookstore/book[1]	选取属于 bookstore 子元素的第一个 book 元素
//title[@lang]	选取所有拥有名为 lang 的属性的 title 元素
//title[@lang='eng']	选取所有 title 元素，且这些元素的 lang 属性值为 eng

例 2：通过编写谓语直接获取指定的节点，接着表 4.2 下的代码继续演示。

（1）获取第一个 div 节点，代码如下。

```
result=doc.xpath('//div[1]')
```

（2）获取最后一个 div 节点，代码如下。

```
result=doc.xpath('//div[last()]')
```

（3）获取第二个 div 节点，代码如下。

```
result=doc.xpath('//div[1+1]')
```

（4）获取含有 class 属性的 div，代码如下。

```
result=doc.xpath('//div[@class]')
```

（5）获取 id="dhl" 的 div，代码如下。

```
result=doc.xpath('//div[@id="dhl"]')
```

下面使用 Lxml 模块解析原始数据，并提取有用数据做展示。具体实现如下。

```
# 导入模块 Lxml，解析数据
from  lxml import etree


# 定义一个函数，解析并获取需要的数据
def parseBookData():
    url0 = 'https://book.douban.com/top250?start={}'
    books = []
```

```
        for i in range(0,250,25):
            url=url0.format(str(i))
            html=getBookData(url)
            selector = etree.HTML(html)
            infos = selector.xpath('//tr[@class="item"]')
            for info in infos:
                name = info.xpath('td/div/a/@title')[0]
                url = info.xpath('td/div/a/@href')[0]
                book_infos = info.xpath('td/p/text()')[0]
                author = book_infos.split('/')[0]
                publisher = book_infos.split('/')[-3]
                date = book_infos.split('/')[-2]
                price = book_infos.split('/')[-1]
                rate = info.xpath('td/div/span[2]/text()')[0]
                comments = info.xpath('td/p/span/text()')
                comment = comments[0] if len(comments) != 0 else "空"
                books.append([name, url, author, publisher, date, price, rate, comment])
    return books
```

4.3.5 数据存储

将 4.3.4 节爬取的数据输出在屏幕上时，这些数据的格式不利于数据的存储。CSV 是存储表格数据的常用文件格式，Excel 和很多应用都支持 CSV 格式，本节采用 CSV 文件存储爬取回来的数据。

4.3.5.1　文件操作

1. 文件的打开

若要对指定文件进行读、写操作，则首先需要打开这个指定文件，open()函数可以打开指定文件，获取文件对象 file。其语法格式如下。

```
file = open(filepath,mode,buffering)
```

[**参数说明**]

(1) filepath：该参数是要打开文件的文件路径，可以是相对路径，也可以是绝对路径。

(2) mode：该参数是指用户访问文件的方式，访问方式的可取值如表 4.4 所示。

表 4.4　　mode 的可取值

访问模式	说　　明
r	以只读方式打开文件。文件的指针将会放在文件的开头。这是默认模式
w	打开一个文件只用于写入。如果该文件已存在,则将其覆盖;如果该文件不存在,则创建新文件
a	打开一个文件用于追加。如果该文件已存在,文件指针将会放在文件的结尾。即,新的内容将会被写入到已有内容之后。如果该文件不存在,则创建新文件进行写入

buffering:该参数是一个可选参数,用来指定访问文件时使用的缓冲方式。如果 buffering=0 表示不缓冲;buffering=1 表示缓冲一行数据,依次类推。

例如,douban=open('d:/test.csv','w'),使用 open()函数打开 D 盘下的 test.csv' 文件,并返回一个文件对象,传入参数'w'表示写文件。

2. 文件的关闭

打开文件后,就可以对文件进行读、写操作,当操作完成后应该释放资源。释放资源应该调用 close()函数来关闭文件并释放资源。语法格式如下。

```
file = open(filepath,mode,buffering)
file.close()
```

4.3.5.2　CSV 文件读写

在 CSV 模块中,提供了读写 CSV 文件的方法:reader 和 writer,这两个方法都接受一个可迭代对象作为参数,可以将这个参数理解为一个打开的.csv 文件。reader 方法返回一个生成器,可以通过循环对其整体遍历。writer 方法返回一个 writer 对象,该对象提供 writerow 方法,将内容按行的方式写入 CSV 文件中。

例 1　将 data 中的数据写入 test.csv 文件中。

```
import csv
data = [
    ("测试 1",'软件测试工程师'),
    ("测试 2",'软件测试工程师'),
    ("测试 3",'软件测试工程师')
]
f = open('test.csv','w')
writer = csv.writer(f)
for i in data:
    writer.writerow(i)
f.close()
```

例 2　读取上例子中 test.csv 文件内容。

```
import csv
f = csv.reader(open('test.csv','r'))
```

```
for i in f:
    print(i)
```

下面采用 CSV 文件存储爬取回来的数据，具体实现如下。

```
# 导入模块 CSV
import csv

# 定义一个函数，将原始数据转换成 json 格式数据并获取需要的数据
def SaveCsv():
    douban=open('d:/test.csv','w',newline='',encoding='utf-8')
    w=csv.writer(douban)
    w.writerow(('name','url','author','publisher','date','price','rate','comment'))
    books=parseBookData()
    for book in books:
        w.writerow(book)
    douban.close()

# 调用函数
SaveCsv()
```

4.4 典型工作环节 4：软件测试

4.4.1 测试 getBookData( )模块

调用函数，获取图书数据，代码如下。

```
result = getBookData("https://book.douban.com/top250")
# 输出，查看数据
print(result)
```

输出结果如图 4.9 所示。

4.4.2 测试 parseBookData( )模块

调用函数，输出需要的数据，代码如下。

```
<!DOCTYPE html>
<html lang="zh-cmn-Hans" class="ua-windows ua-webkit book-new-nav">
<head>
  <meta http-equiv="Content-Type" content="text/html; charset=utf-8">
  <title>豆瓣读书 Top 250</title>

<script>!function(e){var o=function(o,n,t){var c,i,r=new Date;n=n||30,t=t||"/",r.setTime(r.getTime()+24*n*60*60*1e3),c="
; expires="+r.toGMTString();for(i in o)e.cookie=i+"="+o[i]+c+"; path="+t},n=function(o){var n,t,c,i=o+"=",r=e.cookie.spl
it(";");for(t=0,c=r.length;t<c;t++)if(n=r[t].replace(/^\s+|\s+$/g,""),0==n.indexOf(i))return n.substring(i.length,n.leng
th).replace(/\"/g,"");return null},t=e.write,c={"douban.com":1,"douban.fm":1,"google.com":1,"google.cn":1,"googleapis.co
m":1,"gmaptiles.co.kr":1,"gstatic.com":1,"gstatic.cn":1,"google-analytics.com":1,"googleadservices.com":1},i=function(e,
o){var n=new Image;n.onload=function(){},n.src="https://www.douban.com/j/except_report?kind=ra022&reason="+encodeURIComp
onent(e)+"&environment="+encodeURIComponent(o)},r=function(o){try{t.call(e,o)}catch(e){t(o)}},a=/<script.*?src\=["']?([^
"'\s>]+)/gi,g=/http:\/\/(.+?)\.([^\/]+).+/i;e.writeln=e.write=function(e){var t,l=a.exec(e);return l&&(t=g.exec(l[1]))?c
[t[2]]?void r(e):void("tqs"!==n("hj")&&(i(l[1],location.href),o({hj:"tqs"},1),setTimeout(function(){location.replace(loc
ation.href)},50))):void r(e)}}(document);
</script>


  <meta http-equiv="Pragma" content="no-cache">
  <meta http-equiv="Expires" content="Sun, 6 Mar 2005 01:00:00 GMT">

  <script>var _head_start = new Date();</script>

  <link href="https://img3.doubanio.com/f/book/1604a80024fc12b4f7a3c77519ba00486636863f/css/book/master.css" rel="styles
heet" type="text/css">
```

图 4.9　getBookData( )模块测试结果

```
books=parseBookData()
for book in books:
    print(book)
```

测试结果如图 4.10 所示。

```
['红楼梦', 'https://book.douban.com/subject/1007305/', '[清] 曹雪芹 著 ', ' 人民文学出版社 ', ' 1996-12 '
['活着', 'https://book.douban.com/subject/4913064/', '余华 ', ' 作家出版社 ', ' 2012-8-1 ', ' 20.00元', '
['百年孤独', 'https://book.douban.com/subject/6082808/', '[哥伦比亚] 加西亚・马尔克斯 ', ' 南海出版公司 '
['1984', 'https://book.douban.com/subject/4820710/', '[英] 乔治・奥威尔 ', ' 北京十月文艺出版社 ', ' 2010
['飘', 'https://book.douban.com/subject/1068920/', '[美国] 玛格丽特・米切尔 ', ' 译林出版社 ', ' 2000-9 '
['三体全集', 'https://book.douban.com/subject/6518605/', '刘慈欣 ', ' 重庆出版社 ', ' 2012-1-1 ', ' 168.0
['三国演义（全二册）', 'https://book.douban.com/subject/1019568/', '[明] 罗贯中 ', ' 人民文学出版社 ', '
['白夜行', 'https://book.douban.com/subject/10554308/', '[日] 东野圭吾 ', ' 南海出版公司 ', ' 2013-1-1 ',
['福尔摩斯探案全集（上中下）', 'https://book.douban.com/subject/1040211/', '[英] 阿・柯南道尔 ', ' 1981-8
['动物农场', 'https://book.douban.com/subject/2035179/', '[英] 乔治・奥威尔 ', ' 上海译文出版社 ', ' 2007
```

图 4.10　parseBookData( )模块测试结果

4.4.3　测试 SaveCsv( )模块

运行结果保存在 D 盘名为“test”的 CSV 文件，通过 Excel 打开会出现乱码，如图 4.11 所示。

此时可以通过记事本打开，将其另存为编码为 ANSI 的文件，如图 4.12 所示。

此时，再通过 Excel 打开文件，便不会出现乱码问题了。

图 4.11　乱码错误

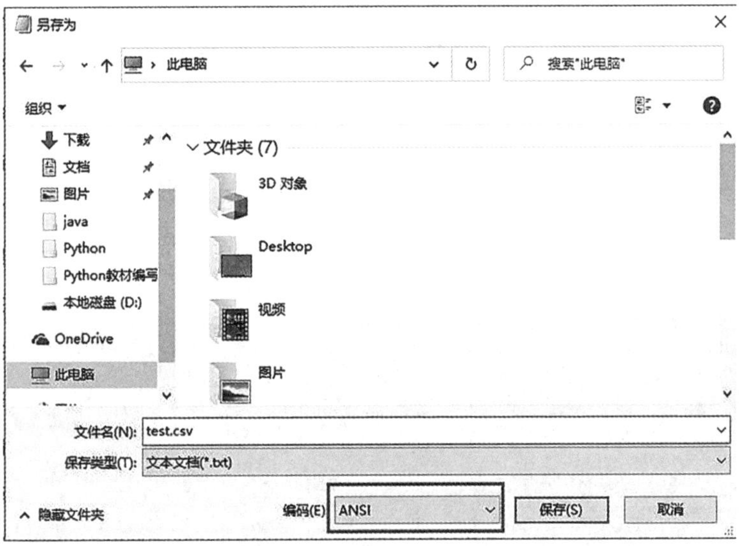

图 4.12　解决乱码问题

4.5　典型工作环节 5：文档编写

把在编码、测试、打包功能完成后，需要把可执行程序交付给用户，并附上必要的用户手册，方便用户的使用。本项目比较简单，这里只需要编写一个简单的用户手册，具体内容如下。

豆瓣网图书信息采集系统用户手册

该系统可以对豆瓣网图书 Top250 进行数据采集，主要包括对图书书名、图书 url 信息、作者信息、出版社信息、价格信息、评价信息等进行采集。

双击 test. exe 文件即可进行信息采集，并将采集到的信息存储至 D:\test. csv 文件中。

4.6 典型工作环节 6：程序交付

完成豆瓣网图书信息采集系统后，如果想将其分享给其他有需要的人使用，这时可以将信息采集系统打包成一个. exe 可执行文件，这样就可以在其他计算机上进行豆瓣网图书信息采集了，而并不需要安装 Python 开发环境。打包. exe 可执行文件时，需要使用 PyInstaller 模块，该模块是一个第三方模块需要单独安装。PyInstaller 模块支持多种操作系统，如 Windows、Linux、Mac OS X 等，但不支持跨平台，即，在 Windows 操作系统下打包的. exe 可执行文件不能在非 Windows 环境下运行。下面以 Windows 操作系统为例介绍打包过程。

步骤 1：安装 PyInstaller 模块。在“命令提示符窗口”中输入“pip install pyinstaller”命令进行安装。

步骤 2：打包. py 文件。PyInstaller 模块安装完毕后，在“命令提示符窗口”中输入 pyinstaller-F. py 文件的绝对路径，如图 4. 13 所示，打包完成后生成如图 4. 14 所示的. exe 可执行文件。

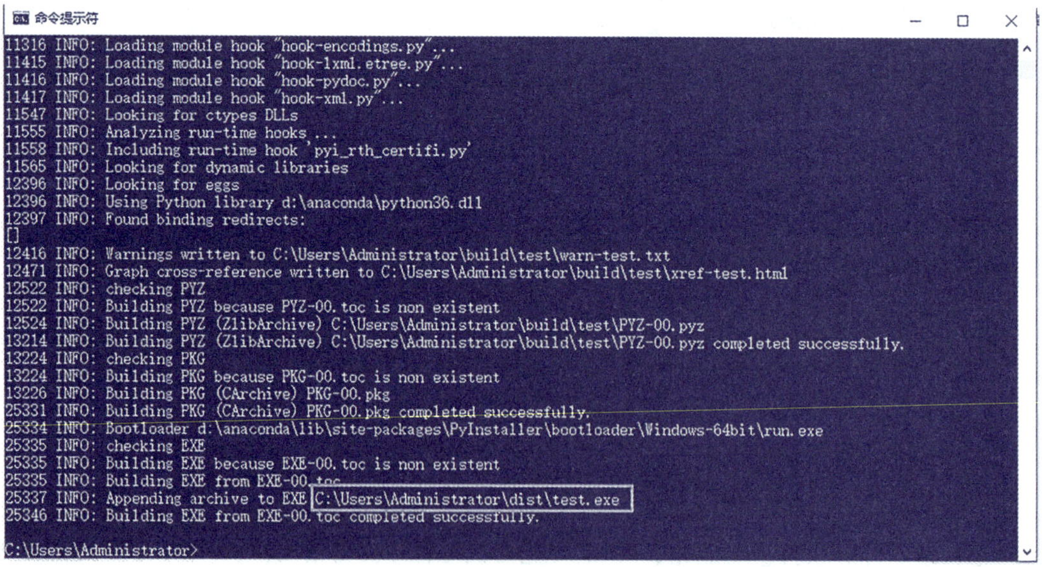

图 4. 13　打包. py 文件

图 4.14　打包好的.exe 可执行文件

步骤 3:运行.exe 文件。找到文件保存目录,双击 test.exe 文件,开始运行本项目,即可在 D 盘根目录下 test.csv 文件中查看采集到的数据。

4.7　项目总结

(1) 网络爬虫的两个主要任务:模拟计算机对服务器发起 Requests 请求;接收服务器端的 Response 内容并解析、提取所需的信息。

(2) 完成网络爬虫任务时,需要使用一些第三方模块,可使用 Anaconda 管理这些模块,此时,导入模块后即可使用。

(3) Requests 模块是一个用于网络访问的模块,其作用就是请求网站获取网页数据。

(4) Lxml 模块可以对 Requests 模块获取到的数据进行解析,并根据 Xpath 语法提取所需信息。

(5) Xpath 是 XML 路径语言,用来确定 XML 文档中某部分或位置有哪些不同类型的节点,包括元素节点、属性节点和文本节点等,提供在数据结构树中寻找节点的方法。

(6) 对指定文件进行读、写操作时,要遵循文件操作的基本流程,首先打开文件,然后进行读、写,最后关闭此文件。

(7) CSV 文件存储是常用的一种存储方式,在 CSV 模块中,提供了读写 CSV 文件的读写方法——reader 方法和 writer 方法。

4.8　单项技能训练

一、选择题

1. 以下为爬虫技术可能存在的风险的是(　　)。

A. 大量占用被爬取网站的资源

B. 网站敏感信息的获取造成的不良后果

C. 违背网站爬取设置

D. 以上都是

2. 网站根目录中哪个文件里面的内容会告诉爬虫哪些数据是可以爬取的，不可以爬取的数据是(　　)。

A. robot. txt　　B. robot. html

C. robots. txt　　D. robots. html

3. 下列不属于常见爬虫类型的是(　　)。

A. 通用网络爬虫　　B. 增量式网络爬虫

C. 浅层网络爬虫　　D. 聚焦网络爬虫

4. 下列关于 Python 爬虫库的功能，描述不正确的是(　　)。

A. 通用爬虫库-urllib 3　　B. 通用爬虫库-Requests

C. 爬虫框架-Scrapy　　D. HTML/XML 解析器 pycurl

5. 下列不属于 HTTP 请求过程的是(　　)。

A. 生成请求　　B. 超时设置

C. 请求重定向　　D. 搜索文档

6. 查看网站请求一般在 Chrome 开发者模式下的(　　)选项卡中查看。

A. Console　　B. Sources

C. Network　　D. Performance

7. 以下 HTML 标签表示定义列表项目的是(　　)。

A. <ul>　　B. <li>

C. <tr>　　D. <td>

8. Requests 获取 get 或者 post 请求后需要通过(　　)属性获取文本内容。

A. content　　B. text

C. string　　D. body

9. 在 Python 中，为了使用 Xpath，需要安装的第三方库为(　　)。

A. lxml　　B. xml

C. xpath　　D. path

10. 下列关于 Xpath 中功能函数描述错误的是(　　)。

A. contains 方法可用于选取以指定值开头的节点

B. and 方法可用于选取同时包含两种指定值的节点

C. text 函数可用于选取包含指定文本内容的节点

D. text 函数可提取节点文本内容

二、填空题

1. 计算机的一次________和服务器端的________，即实现了网络连接。

2. 使用 Requests 模块获取数据时，应使用其模块中的________函数发起网络请求。

3. 使用 Python 写 CSV 文件的方法________。

4. 在使用 Xpath 时，需要首先导入________模块，命令为________。

5. 使用 Xpath 中的路径表达式“/bookstore”表示选取________。

6. 使用 Xpath 中的路径表达式“//title[@lang]”表示选取________。

7. 使用 Xpath 中的路径表达式“/bookstore/*”表示选取________。

4.9 实战演练

实训 1:爬取酷狗 Top500 的数据

爬取酷狗 Top500 的歌曲信息,所需爬取信息主要有:排名情况,歌手、歌曲名和歌曲时长。

实训 2:爬取起点中文网小说信息

爬取起点中文网作品信息(http://a.qidian.com),所需爬取的信息有:小说名、作者、小说类型、完成情况、摘要和字数,并保存至 CSV 文件中。

小提示

与项目 4 的实战演练相配套使用表单详见工作任务单 4。

项目 5 招聘网站信息采集系统

项目概述

猎聘网是国内的中高端人才职业发展平台，是企业、猎头和职业经理人三方互动的平台，不同于传统网络招聘形式，该招聘网站的广告发布形式以信息展示为主，开启了以用户体验为主的交易模式。随着就业压力日渐增加，准确全面地获取数据，可帮助高校学生规避就业风险、正确认识自身价值，具有非常重要的意义。本项目使用 Scrapy 框架对猎聘网招聘信息进行数据采集，并将采集到的数据保存至 MongoDB 数据库中。

学习目标

(1) 掌握爬虫的基本原理和流程；
(2) 掌握 Scrapy 框架的使用方法和数据处理流程；
(3) 掌握 MongoDB 数据库的安装和使用。

5.1 典型工作环节 1：需求分析

为了准备了解企业招聘需求的信息，招聘网站信息采集具备以下功能：
(1) 抓取工作名称。
(2) 抓取薪水。
(3) 抓取工作地点。
(4) 抓取学历要求。
(5) 抓取工作经验要求。

(6) 抓取公司名称。
(7) 将抓取的信息存储至 MongoDB 数据库。

5.2 典型工作环节 2：系统设计

5.2.1 系统功能设计

招聘网站信息采集系统的功能需求主要包括招聘数据抓取、数据解析和数据存储。具体功能结构如图 5.1 所示。

5.2.2 系统业务流程

在开发招聘网站信息采集系统之前，应该先了解系统的业务流程，以方便定制开发计划。根据采集系统及所使用的框架，可设计如图 5.2 所示的系统业务流程。

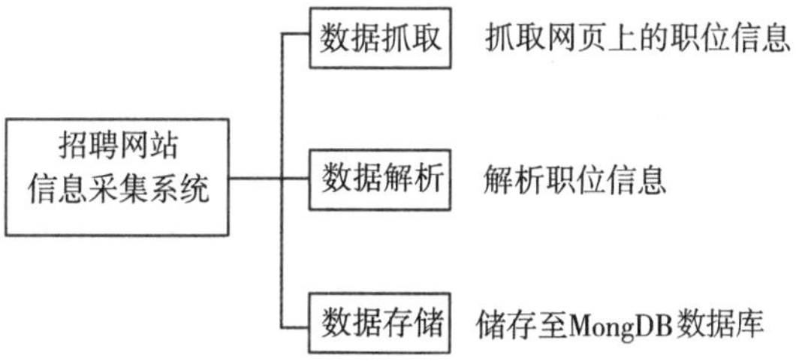

图 5.1　系统功能设计

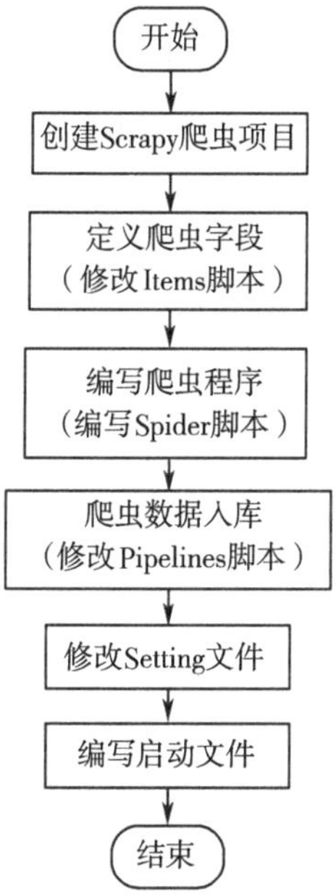

图 5.2　系统业务流程

5.2.3 系统开发环境

本系统开发及运行环境如下。

(1) 操作系统:Windows7 或以上。

(2) Python 版本:Python3. 7。

(3) 开发工具:PyCharm。

5.3 典型工作环节 3：软件编码

5.3.1 安装 Scrapy

5.3.1.1 Scrapy 框架

Scrapy 使用了 Twisted 异步网络库来处理网络通信。整体架构如图 5. 3 所示。

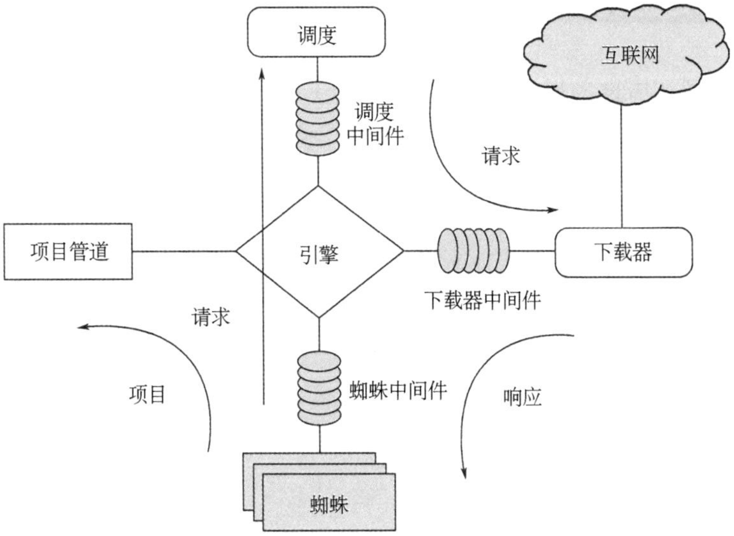

图 5. 3　Scrapy 架构

该架构部件说明如下。

(1) Scrapy 引擎(Scrapy engine):控制整个系统的数据处理流程,可以触发事务。

(2) 调度(Scheduler):从 Scrapy 引擎接受请求并排序列入队列。

(3) 下载器(Downloader):主要职责是抓取网页,并将内容返还给蜘蛛(Spiders)。

(4) 蜘蛛(Spiders):是由用户自己定义的用来解析网页并抓取制定 url 返回内容的类,每个蜘蛛都能处理一个域名或一组,并将数据返回给项目管道。

(5) 项目管道(Item pipeline):主要负责处理由蜘蛛从网页中抽取的项目,如清洗 HTML 数据、验证解析到的数据、检查是否为重复数据、将解析到的数据存储等。

(6) 下载器中间件(Downloader middlewares):介于 Scrapy 引擎和下载器之间的钩子框架,主要负责处理 Scrapy 引擎与下载器之间的请求及响应。

(7) 蜘蛛中间件(Spider middlewares):介于 Scrapy 引擎和蜘蛛之间的钩子框架,主要负责处理蜘蛛的响应输入和请求输出。

(8) 调度中间件(Scheduler middlewares):介于 Scrapy 引擎和调度之间的中间件,主要负责处理从 Scrapy 引擎发送到调度的请求和响应。

5.3.1.2　Scrapy 安装

步骤 1:在安装 Anaconda 的情况下,在 cmd 窗口输入“conda install scrapy”后按回车键,如图 5.4 所示。

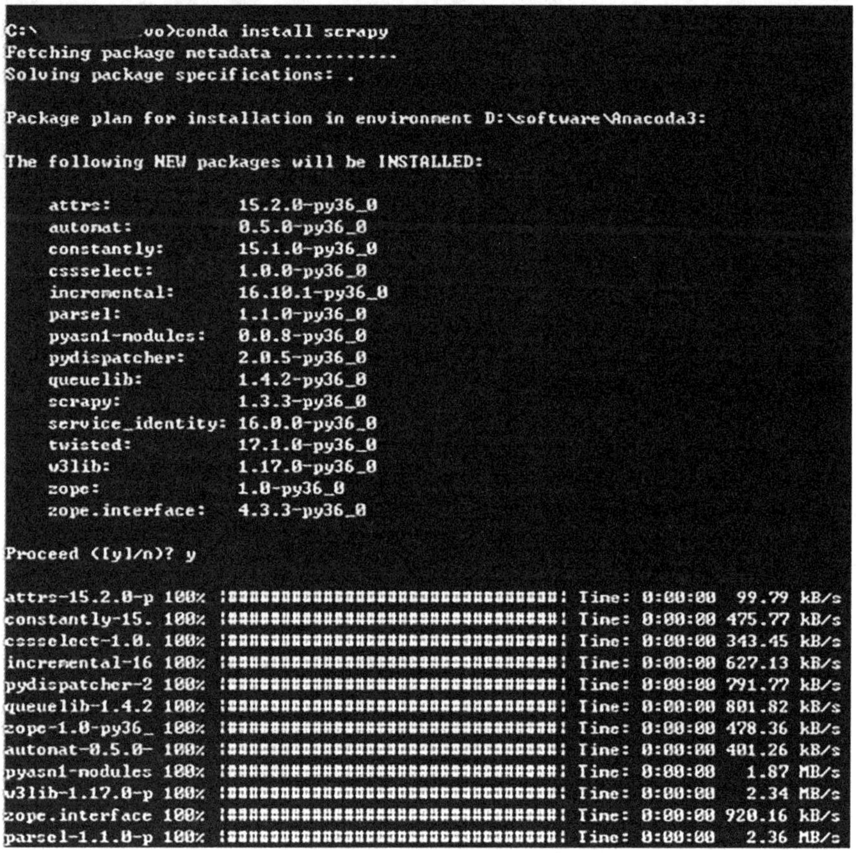

图 5.4　安装 Scrapy

步骤 2:在 cmd 窗口输入“scrapy”后按回车键,检测 Scrapy 是否安装成功,如图 5.5 所示。

步骤 3:在 PyCharm 中输入“import scrapy”,若没有报错,则安装成功。

5.3.2　安装 MongoDB

在爬虫工作中经常需要将爬取的数据存储到非关系型数据库,MongoDB 就是一款分布式的非关系型数据库。接下来介绍如何在 Windows 下安装 MongoDB 数据库。

```
Scrapy 1.3.3 - no active project

Usage:
  scrapy <command> [options] [args]

Available commands:
  bench         Run quick benchmark test
  commands
  fetch         Fetch a URL using the Scrapy downloader
  genspider     Generate new spider using pre-defined templates
  runspider     Run a self-contained spider (without creating a project)
  settings      Get settings values
  shell         Interactive scraping console
  startproject  Create new project
  version       Print Scrapy version
  view          Open URL in browser, as seen by Scrapy

  [ more ]      More commands available when run from project directory

Use "scrapy <command> -h" to see more info about a command
```

图 5.5　检测 Scrapy 是否安装成功

进入 MongoDB 官网选择安装包时请根据自己要安装的环境来选择，本节使用 msi 进行安装。点击“Download”进行下载，如图 5.6 所示。

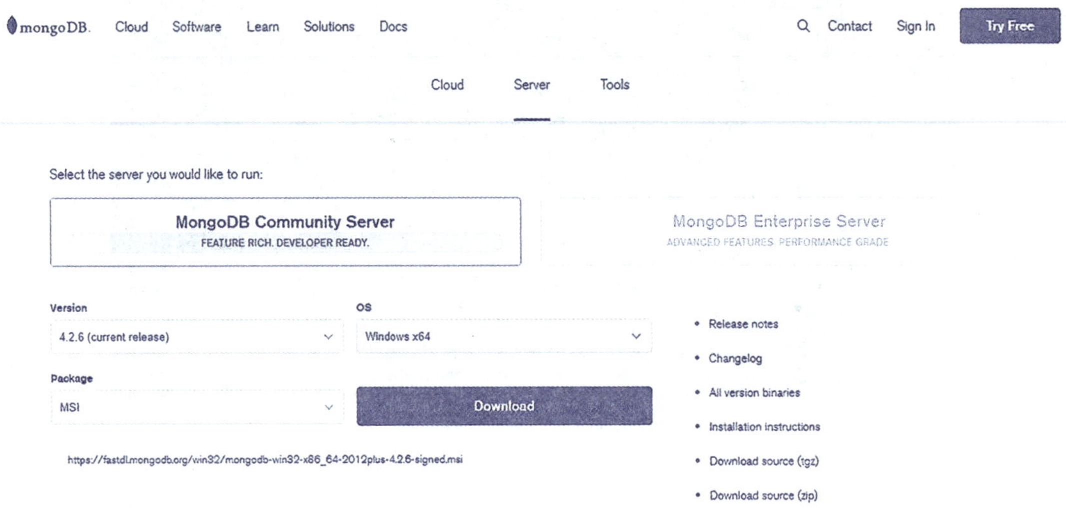

图 5.6　下载 MongoDB

下载完成后，即可进行安装，安装步骤如下。

步骤 1：点击“打开安装包”，结果如图 5.7 所示。点击“运行”后会出现如图 5.8 所示的确认界面，点击“Next”。

步骤 2：勾选协议，点击“Next”如图 5.9 所示。

图 5.7　打开安装包

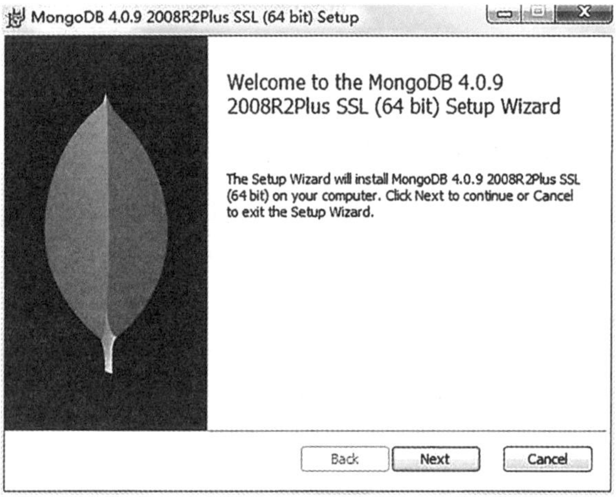

图 5.8　确认安装

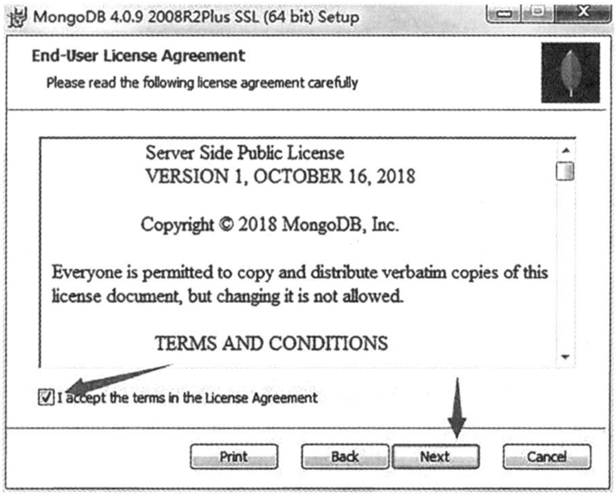

图 5.9　勾选协议

步骤 3:点击“Custom”,选择自定义,如图 5.10 所示。

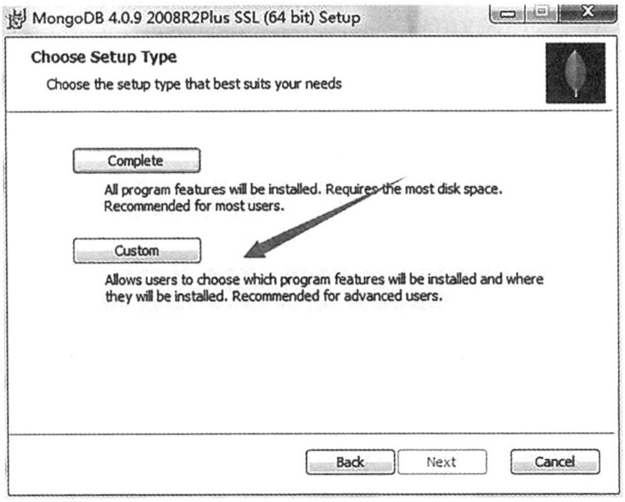

图 5.10　选择自定义

步骤 4:选择路径后点击“Next”,如图 5.11 所示。

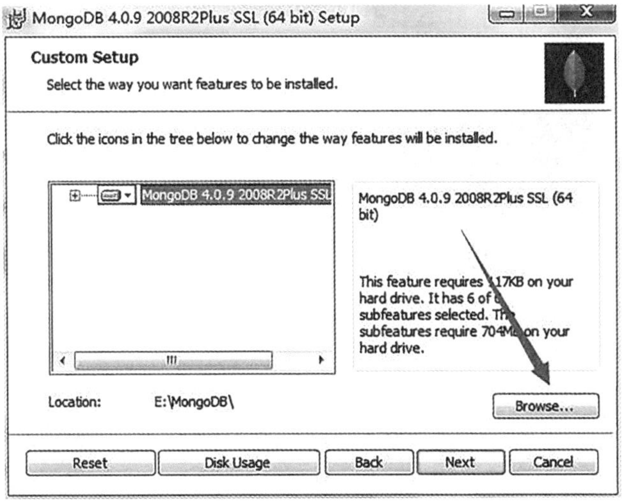

图 5.11　选择路径

步骤 5:点击“Install”进行安装,如图 5.12 所示。请取消图形界面,否则可能会造成最后一步卡死。

步骤 6:进入安装过程,等待结束,如图 5.13、图 5.14 所示。

步骤 7:配置环境变量。进入 E:\MongoDB\bin,然后打开 cmd,输入“mongo--help”后有提示显示加入成功,如图 5.15 所示。

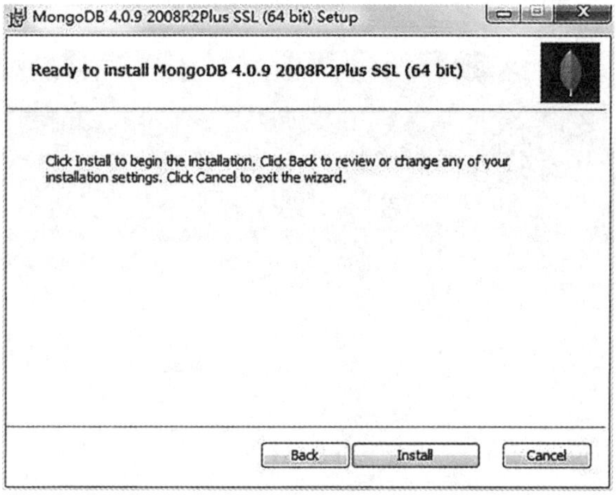

图 5.12　点击安装

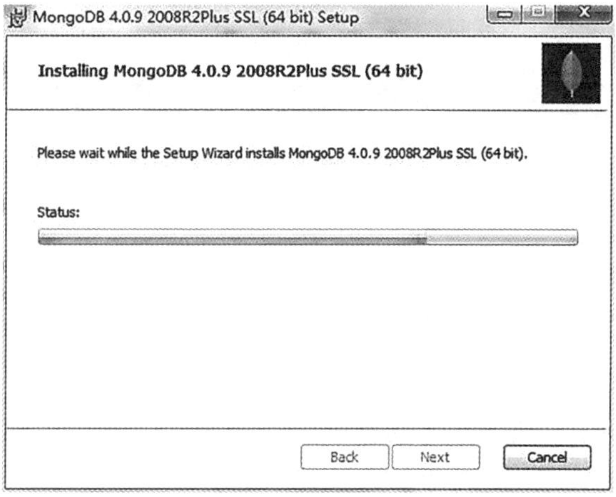

图 5.13　安装中

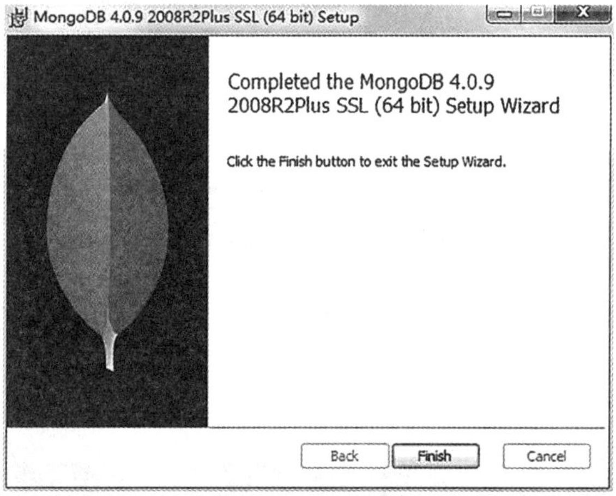

图 5.14　安装结束

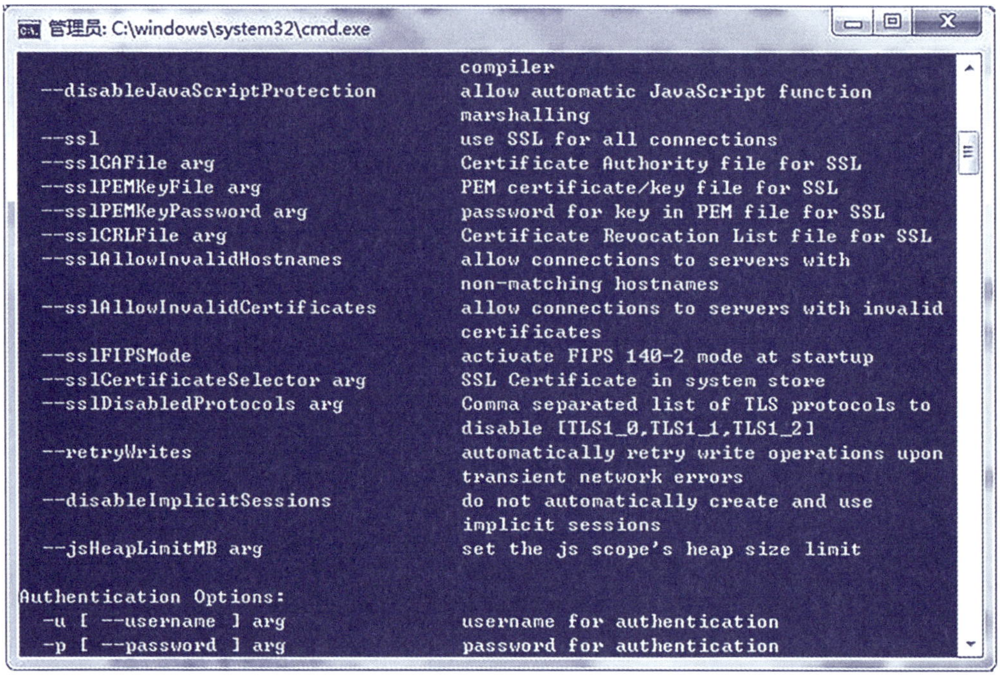

图 5.15　mongo--help 提示

5.3.3　MongoDB 操作

5.3.3.1　MongoDB 基本操作

MongoDB 的基本操作主要有以下 9 种。

（1）进入 MongoDB 数据库，在命令行下输入“mongo”。

```
mongo
```

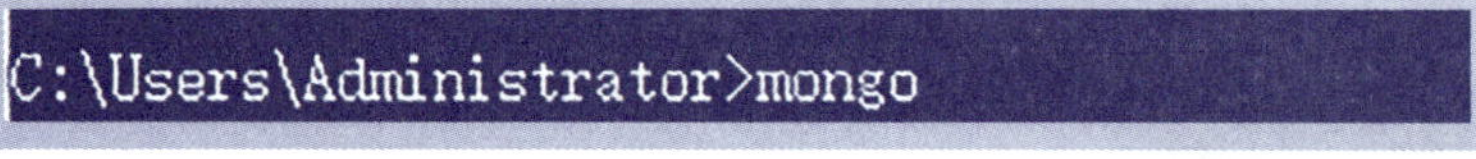

（2）显示所有的数据库：show dbs。

```
show dbs
```

（3）使用某个数据库：use test。MongoDB 默认为 test 数据库，如果没有 test 数据库就新创建。

```
use test
```

（4）删除数据库：db. dropDatabase( )。

```
db. dropDatabase( )
```

```
> use test
switched to db test
> db.dropDatabase()
{ "dropped" : "test", "ok" : 1 }
>
```

（5）查看所有表(集合)：show collections。

```
show collections
```

```
> show collections
table
test
> _
```

（6）插入数据：db. table. insert({x:1}),如果没有 table 就创建。

（7）全部查询：db. table. find( ),如果没有 table 就创建。

（8）带参查询：db. table. find({x:1}),如果没有 table 就创建。

（9）查询 find( )查询的总数：find( ). count( )。

5.3.3.2　使用 Python 连接 MongoDB

步骤 1：使用 Anaconda 安装 pymongo 库，输入命令“conda install pymongo”进行安装。

步骤 2：使用 pymongo 模块与 MongoDB 数据库建立连接，具体实现如下。

```
#coding=utf-8
from pymongo import MongoClient


#建立 MongoDB 数据库连接
client = MongoClient('localhost',27017)
#连接 test 数据库,如果没有就创建 test 数据库,并获取数据库对象 db
db=client. test
#连接 table 集合(表),如果没有就创建 table 表,并获取表对象 clt
clt=db. table
#有 clt 就可以完成对数据库表的一些操作,如调用上面的对应操作方法。
#查找 test 表中所有数据
for item in clt. find( ):
    print item
#查找 test 表中单条数据
print clt. find_one( )
#向 test 表中插入数据
clt. insert( {'username':'zhangsan',age:25,'address':'成都'} )
```

```
#更新 table 表中符合条件的第一条数据的数据,第一个大括号里是更新条件,第二个大括号是更新数据
clt.update({'username':'zhangsan'},{'username':'zhangsan','age':18})
#删除集合 table 中的所有数据
clt.remove()
#删除集合 table
clt.drop()
```

5.3.4 使用 Scrapy 框架爬取招聘网站信息

1. 创建爬虫项目

在命令窗口进入 Scrapy 框架所在的路径,用 scrapy startproject kehao1 创建 kehao1 爬虫项目,如图 5.16 所示。

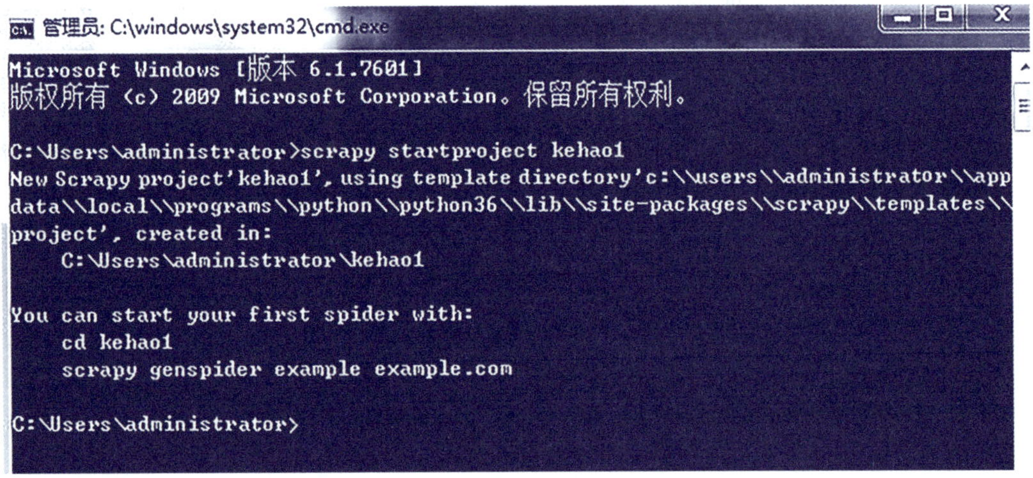

图 5.16　创建 Scrapy 项目

从图 5.16 中可看出创建的 Scrapy 项目在 C:\Users\administrator\kehao1。

在 C:\Users\administrator\kehao1 中可以看到 kehao1 项目结构已创建,如图 5.17(a)所示,双击该文件夹可看到 Scrapy 框架的基本结构已存在,如图 5.17(b)所示。

2. 用 PyCcharm 打开 Scrapy 项目

使用 PyCcharm 打开 Scrapy 项目,如图 5.18 所示。

3. 使用 Scrapy 爬取猎聘网数据

具体步骤如下。

步骤 1:在 Item.py 中定义爬虫的字段,代码如下。

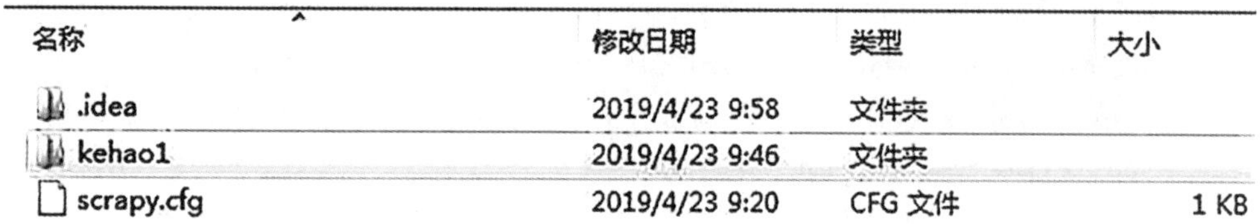

图 5.17(a)　kehao1 项目结构

图 5.17(b)　Scrapy 基本结构

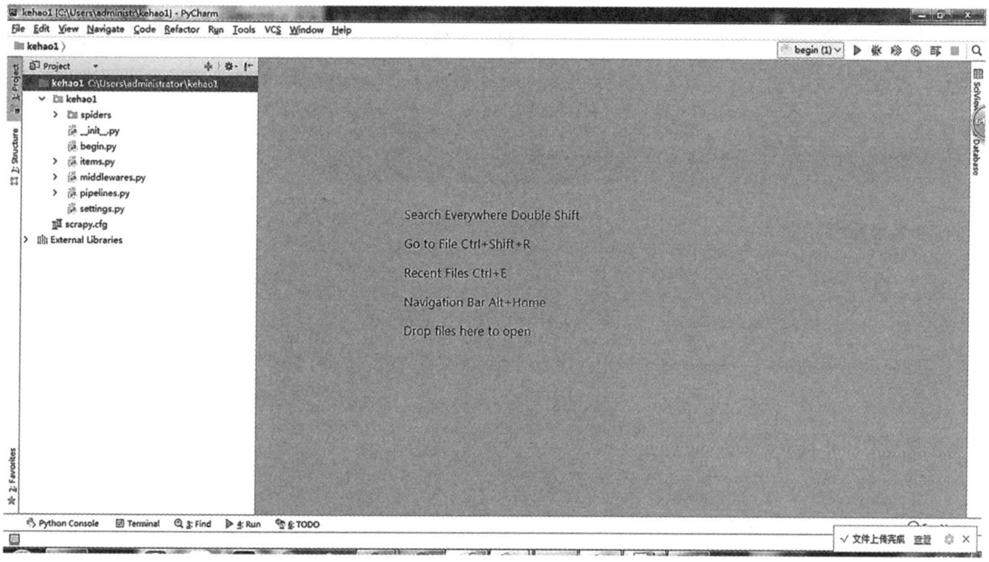

图 5.18　打开 Scrapy 项目

```
import scrapy


class Kehao1Item(scrapy.Item):
    # 猎聘网
```

```
        href = scrapy.Field()              # 公司网站
        job_title = scrapy.Field()        # 工作名称
        salary = scrapy.Field()            # 薪水
        working_place = scrapy.Field() # 工作地点
        education = scrapy.Field()        # 学历要求
        working_life = scrapy.Field()   # 工作经验要求
        company_name = scrapy.Field()   # 公司名称
```

步骤 2：Spiders 下创建自定义的 DemoSpider.py，代码如下。

```
import scrapy

# 猎聘网职位信息
# 这里我们继承 scrapy.Spider
from kehao1.items import Kehao1Item
import lxml.html as xhtml
class DemoSpider(scrapy.Spider):
    # 爬虫名，启动爬虫时需要的参数 * 必填
    name = 'job'
    # 爬取域范围，允许爬虫在这个域名下进行爬取（可选）
    allowed_domains = ['liepin.com']
    # 爬虫需要的 url
    start_urls = ['https://www.liepin.com/sojob/']


    def parse(self, response):
        print(response.body)
        node_list = response.xpath("//div[@class='sojob-item-main clearfix']")
        # 用来存储所有的 item 字段
        # items = []
        for node in node_list:
            item = Kehao1Item()
            # extract() 将 xpath 对象转换为 Unicode 字符串
            href = node.xpath("./div[@class='company-info nohover']/p[1]/a/@href").extract()
            job_title = node.xpath("./div[@class='job-info']/h3/@title").extract()
            salary = node.xpath("./div[@class='job-info']/p[@class='condition clearfix']/@
title").extract()
            x = salary[0].split("_")
```

```
            company_name = node.xpath("./div[@class='company-info nohover']/p[1]/a/text
()").extract()
            print(company_name)

            item['href'] = href[0]
            item['job_title'] = job_title[0]
            item['salary'] = x[0]
            item['working_place'] = x[1]
            item['education'] = x[2]
            item['working_life'] = x[3]
            item['company_name'] = company_name[0]

            # 返回提取到的每个 item 数据给管道处理,同时还会出来继续执行后面的代码
            yield item
```

步骤 3:Pipelines.py 中定义数据的存储,代码如下。

```
from pymongo import MongoClient
#建立 MongoDB 数据库连接
client = MongoClient('localhost',27017)

class Kehao1Pipeline(object):
    def __init__(self):
        self.mongo = MongoDB("test", "boss")#初始化 MongoDB
    def process_item(self, item, spider):
        self.mongo.insert(item)#传入插入数据
        return item
class MongoDB():
    #实例化并获取数据库对象,以及表(集合)对象
    def __init__(self,db,table):
        self.db = client.db
        self.clt = self.db.table
    #向 MongoDB 插入数据
    def insert(self,item):
self.clt.insert({"href":item["href"],"job_title":item["job_title"],"salary":item["salary"]
                    ,"working_place":item["working_place"],"education":item["education"],
"working_life":item["working_life"],"company_name":item["company_name"]})
    #读取该表的全部数据
```

```
    def find(self):
        for item in self.clt.find():
            print(item)
    #删除所有数据
    def removeall(self):
        self.clt.remove()
    #删除集合
    def drop(self):
        self.clt.drop()
    #断开连接
    def closeMongoDB(self):
        self.db.shutdownServer()
```

步骤 4:配置 Setting。除已经配置基本设置的外,还要配置 2 项。

(1) 通道配置,代码如下。

```
ITEM_PIPELINES = {
    'kehao1.pipelines.Kehao1Pipeline': 300,
}
```

(2) 头部配置,代码如下。

```
DEFAULT_REQUEST_HEADERS = {
  'Accept': 'text/html,application/xhtml+xml,application/xml;q=0.9,*/*;q=0.8',
  'Accept-Language': 'en',
  'User-Agent': "your agent string",
}
```

步骤 5:编写启动文件 begin.py,代码如下。

```
from scrapy import cmdline

cmd line.execute('scrapy crawl kehao1'.split())
```

5.4 典型工作环节 4: 软件测试

启动运行 begin.py 文件,对数据采集项目进行测试。

(1) 将采集到的数据存储至 MongoDB 数据库中,在命令行下输入“mongo show dbs”,如图 5.19 所示。

```
> show dbs
admin   0.000GB
config  0.000GB
db      0.000GB
local   0.000GB
test    0.000GB
```

图 5.19　查看数据库

（2）输入“use test”后输入“show collections”查看数据库中的集合，如图 5.20 所示。

```
> use test
switched to db test
> show collections
boss
```

图 5.20　查看数据库中的集合

（3）输入“db.boss.find()”查询采集回来的全部数据，如图 5.21 所示。

```
> db.boss.find()
{ "_id" : ObjectId("5e9922847cdabf04786337e0"), "href" : "https://www.liepin.com/company/8094533/", "job_title" : "招聘物流仿真工程师", "salary" : "4-7k·12薪", "working_place" : "苏州", "education" : "大专及以上", "working_life" : "1年以上", "company_name" : "新宁物流" }
{ "_id" : ObjectId("5e9922847cdabf04786337e1"), "href" : "https://www.liepin.com/company/10260803/", "job_title" : "招聘主创方案负责", "salary" : "30-50k·14薪", "working_place" : "杭州", "education" : "本科及以上", "working_life" : "5年以上", "company_name" : "杭州建言筑语控股有限公司" }
{ "_id" : ObjectId("5e9922847cdabf04786337e2"), "href" : "https://www.liepin.com/company/9420997/", "job_title" : "招聘生物医药产业园招商经理", "salary" : "15-30k·12薪", "working_place" : "上海-龙华", "education" : "本科及以上", "working_life" : "经验不限", "company_name" : "绿地康养健康产业集团有限公司" }
{ "_id" : ObjectId("5e9922847cdabf04786337e3"), "href" : "https://www.liepin.com/company/9531619/", "job_title" : "招聘Product Engineer / 质量工程师", "salary" : "面议", "working_place" : "上海", "education" : "本科及以上", "working_life" : "5年以上", "company_name" : "唯司供应链管理(上海)有限公司" }
{ "_id" : ObjectId("5e9922847cdabf04786337e4"), "href" : "https://www.liepin.com/company/9948165/", "job_title" : "招聘二手车事业部总经理", "salary" : "面议", "working_place" : "深圳", "education" : "本科及以上", "working_life" : "5年以上", "company_name" : "鼎誉融资租赁(深圳)有限公司" }
{ "_id" : ObjectId("5e9922847cdabf04786337e5"), "href" : "https://www.liepin.com/company/8125000/", "job_title" : "招聘培训经理", "salary" : "10-20k·13薪", "working_place" : "广州", "education" : "大专及以上", "working_life" : "7年以上", "company_name" : "广州市炳胜饮食管理有限公司" }
{ "_id" : ObjectId("5e9922847cdabf04786337e6"), "href" : "https://www.liepin.com/company/10006925/", "job_title" : "招聘新媒体运营（短视频方向）", "salary" : "10-15k·12薪", "working_place" : "北京", "education" : "统招本科", "working_life" : "3年以上", "company_name" : "握握佳晟网络科技(天津)有限公司" }
{ "_id" : ObjectId("5e9922847cdabf04786337e7"), "href" : "https://www.liepin.com/company/9531619/", "job_title" : "招聘Product Engineer - Softline / 质量工程师（衣鞋手套类）", "salary" : "面议", "working_place" : "上海-陆家嘴", "education" : "本科及以上", "working_life" : "5年以上", "company_name" : "唯司供应链管理(上海)有限公司" }
{ "_id" : ObjectId("5e9922847cdabf04786337e8"), "href" : "https://www.liepin.com/company/10210635/", "job_title" : "招聘
```

图 5.21　采集的数据

5.5　典型工作环节 5：文档编写

把在编码、测试功能完成后，需要把程序交付给用户，并附上必要的用户手册方便用户的使用。本项目比较简单，这里只需要编写一个简单的用户手册，具体内容如下。

招聘网站信息采集系统用户手册

该系统可以对猎聘网进行数据采集，主要包括对招聘公司名称、学历要求、岗位名称、薪资、工作地点等信息进行采集，具体操作说明如下。

（1）在运行该系统前确保已经安装 MongoDB 数据库，可前往 MongoDB 官网 https://www.mongodb.com/download-center/community，进行下载。

（2）模块文件说明。

Item. py：定义爬虫的字段。

demoSpider. py ：自定义编写的爬虫代码。

pipelines. py：定义爬虫数据的处理，如：爬虫数据的清洗和入库。

setting. py：对爬虫项目的进行设置，如请求头信息的填写，设置 pipelines. py 模块等。

begin. py：运行 begin. py 文件即可进行信息采集，并将采集到的信息存储至 MongoDB 数据库中。

5.6 典型工作环节 6：程序交付

完成招聘网站的信息采集系统后，将 kehao1 项目整个打包交付给有需要的用户，这样在其他机器运行此信息采集系统时，只需安装好 Python 环境、MongoDB 数据库即可使用。kehao1 项目打开后如图 5.22 所示，运行 begin. py 文件，即可在 MongoDB 数据库中查看采集到的数据，如图 5.23 所示。

名称	修改日期	类型	大小
__pycache__	2020/4/25 星期六 下...	文件夹	
spiders	2020/4/16 星期四 下...	文件夹	
__init__.py	2017/3/10 星期五 下...	JetBrains PyChar...	0 KB
begin.py	2020/4/16 星期四 下...	JetBrains PyChar...	1 KB
items.py	2020/4/16 星期四 下...	JetBrains PyChar...	1 KB
middlewares.py	2020/4/16 星期四 下...	JetBrains PyChar...	2 KB
mongo.py	2020/4/17 星期五 上...	JetBrains PyChar...	2 KB
pipelines.py	2020/4/17 星期五 上...	JetBrains PyChar...	2 KB
settings.py	2020/4/16 星期四 下...	JetBrains PyChar...	4 KB

图 5.22　项目 kehao1

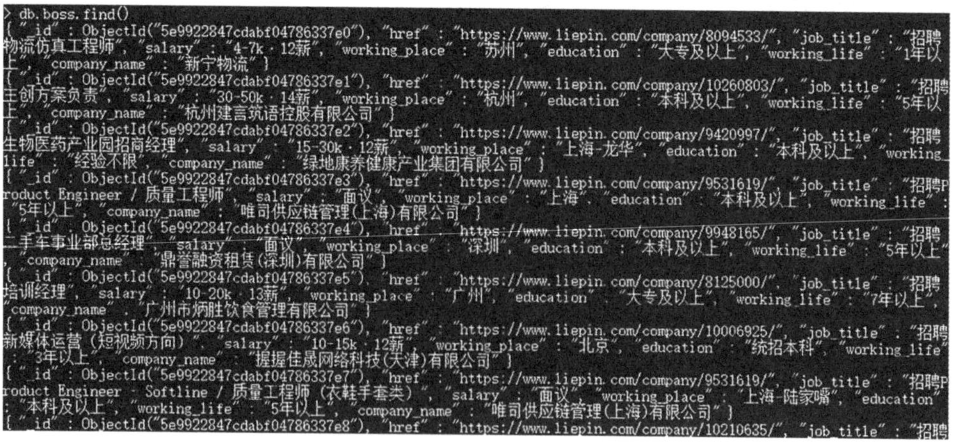

```
> db.boss.find()
{ "_id" : ObjectId("5e9922847cdabf04786337e0"), "href" : "https://www.liepin.com/company/8094533/", "job_title" : "招聘物流仿真工程师", "salary" : "4-7k · 12薪", "working_place" : "苏州", "education" : "大专及以上", "working_life" : "1年以上", "company_name" : "新宁物流" }
{ "_id" : ObjectId("5e9922847cdabf04786337e1"), "href" : "https://www.liepin.com/company/10260803/", "job_title" : "招聘主创方案负责", "salary" : "30-50k · 14薪", "working_place" : "杭州", "education" : "本科及以上", "working_life" : "5年以上", "company_name" : "杭州建言筑语控股有限公司" }
{ "_id" : ObjectId("5e9922847cdabf04786337e2"), "href" : "https://www.liepin.com/company/9420997/", "job_title" : "招聘生物医药产业园招商经理", "salary" : "15-30k · 12薪", "working_place" : "上海-龙华", "education" : "本科及以上", "working_life" : "经验不限", "company_name" : "绿地康养健康产业集团有限公司" }
{ "_id" : ObjectId("5e9922847cdabf04786337e3"), "href" : "https://www.liepin.com/company/9531619/", "job_title" : "招聘Product Engineer / 质量工程师", "salary" : "面议", "working_place" : "上海", "education" : "本科及以上", "working_life" : "5年以上", "company_name" : "唯司供应链管理(上海)有限公司" }
{ "_id" : ObjectId("5e9922847cdabf04786337e4"), "href" : "https://www.liepin.com/company/9948165/", "job_title" : "招聘二手车事业部总经理", "salary" : "面议", "working_place" : "深圳", "education" : "本科及以上", "working_life" : "5年以上", "company_name" : "鼎誉融资租赁(深圳)有限公司" }
{ "_id" : ObjectId("5e9922847cdabf04786337e5"), "href" : "https://www.liepin.com/company/8125000/", "job_title" : "招聘培训经理", "salary" : "10-20k · 13薪", "working_place" : "广州", "education" : "大专及以上", "working_life" : "7年以上", "company_name" : "广州市炳胜饮食管理有限公司" }
{ "_id" : ObjectId("5e9922847cdabf04786337e6"), "href" : "https://www.liepin.com/company/10006925/", "job_title" : "招聘新媒体运营（短视频方向）", "salary" : "10-15k · 12薪", "working_place" : "北京", "education" : "统招本科", "working_life" : "3年以上", "company_name" : "握握佳晟网络科技(天津)有限公司" }
{ "_id" : ObjectId("5e9922847cdabf04786337e7"), "href" : "https://www.liepin.com/company/9531619/", "job_title" : "招聘Product Engineer - Softline / 质量工程师（衣鞋手套类）", "salary" : "面议", "working_place" : "上海-陆家嘴", "education" : "本科及以上", "working_life" : "5年以上", "company_name" : "唯司供应链管理(上海)有限公司" }
{ "_id" : ObjectId("5e9922847cdabf04786337e8"), "href" : "https://www.liepin.com/company/10210635/", "job_title" : "招聘
```

图 5.23　采集到的数据

5.7　项目总结

（1）Scrapy 框架是一个适用于爬取网站数据、提取结构性数据的爬虫框架，具有跨平台性和丰富的扩展性。

（2）可通过 Anaconda 安装管理 Scrapy 框架。

（3）Scrapy 爬虫工程项目包括：在 items. py 文件中定义爬虫的字段；在 spiders 文件夹下创建自定义的蜘蛛；在 pipelines. py 文件中定义数据的存储；在 settings. py 文件中进行相关配置。

（4）MongoDB 是一种非关系型数据库，基于 Key-Value 形式保存数据。对于大型爬虫数据的保存，可以把数据存储至 MongoDB 数据库。

（5）使用 Python 连接 MongoDB 时，要先用 Anaconda 安装 pymongo 库。

5.8　单项技能训练

一、选择题

1. 下列不是 Scrapy 的组件的为（　　）。

A. Selector　　B. Spider

C. Namenode　　D. Downloader Middleware

2. 下列对于 Scrapy 常用命令及其作用描述正确的是（　　）。

A. startproject 是一个全局命令，主要用于运行一个独立的爬虫

B. genspider 是一个项目命令，主要用于创建爬虫模板

C. crawl 是一个项目命令，主要用于启动爬虫

D. list 是一个全局命令，主要用于列出项目中所有可用的爬虫

3. 下列对于 Scrapy 爬虫项目目录说法错误的是（　　）。

A. spiders 目录用于存放用户编写的爬虫脚本

B. items 脚本定义了一个 Item 类，能够存储爬取的数据

C. settings 脚本用于设置参数

D. pipelines 脚本定义了一个 Pipeline 类，可以根据需求将数据保存至数据库、文件等

4. 下列对于 Scrapy 数据流向描述错误的是（　　）。

A. 引擎仅需要负责打开一个网站，并找到该网站的 Spiders，并向该 Spiders 请求第一个要爬取的 url

B. 调度器返回下一个要爬取的 url 给引擎，引擎将 url 通过下载器中间件转发给下载器（Downloader）

C. Spiders 处理响应并返回爬取到的 Items 及(跟进的)新的请求给引擎解析中间件

D. 一旦网页下载完毕,下载器会生成一个该网页的响应,并将其通过下载器中间件发送给引擎

5. 下列连接 MongoDB 数据库的代码中,错误的是(　　)。

A. pymongo. MongoClient( )

B. pymongo. MongoClient(27017)

C. pymongo. MongoClient('localhost')

D. pymongo. MongoClient('localhost',27017)

6. MongoDB 中数据存储的形式类似于(　　)。

A. 列表　　B. 元组

C. 字典　　D. 集合

7. 当爬虫创建好了之后,可以使用"scrapy(　　)<爬虫名>" 命令运行爬虫。

A. startup　　B. starwar

C. drawl　　D. crawl

8. 参数 headers=(　　),把请求头添加到 Scrapy 请求中,使爬虫的请求看起来像是从浏览器发起的。

A. HEADER　　B. HEADERS

C. HEAD　　D. BODY

9. MongoDB 中获取名字为 db 的库的语句为(　　)。

A. client. db　　B. client('db')

C. client['db']　　D. client{'db'}

10. 下列属于反爬虫目的的是(　　)。

A. 限制访问人数　　B. 防止网站信息被竞争对手随意获取

C. 限制用户访问权限　　D. 变换网页结构

二、填空题

1. 一个 Scrapy 爬虫工程包括________、________、________、________、________、________。

2. 在 Scrapy 爬虫项目中________文件中定义爬虫的字段,________文件中定义数据的存储,________文件中进行相关配置。

3. 创建一个爬虫工程的命令为________。

4. 使用 Python 连接 MongoDB 时,要首先安装________库。

5. 在 MongoDB 中,展示所有数据库的命令为________。

6. 在 MongoDB 中,查看所有集合的命令为________。

7. 在 MongoDB 中,查询 boss 表中所有数据的命令为________。

5.9　实战演练

实训 1:小猪短租网信息采集系统

以下面小猪短租网的一页租房信息为例,使用 Scrapy 框架,爬取所标出的字段内容,并存储至 CSV 文件。

图 5.24　小猪短租网

实训 2:爬取知乎网 Python 精华话题

爬取知乎网 Python 精华话题,需要爬取的信息有:Python 问题、点赞数、回答问题用户、用户信息和回答内容。并把爬取的信息存入 MongDB 数据库中。

小提示

与项目 5 的实战演练相配套使用表单详见工作任务单 5。

工作任务单 1

请挑选项目 1 实战演练中任意实训填写工作任务单 1。

表 1　　　　任务单

实训名称						
学习任务					学时	
工作过程描述						
学习目标						
任务描述						
学时安排	资讯__学时	计划__学时	决策__学时	实施__学时	检查__学时	评价__学时
对学生的要求						
参考资料						

表 2　　资讯单

实训名称			
学习任务		学时	
工作过程描述			
搜集资讯方式			
资讯描述			
参考资料			

表 3 计划单

<table>
<tr><td>实训名称</td><td colspan="4"></td></tr>
<tr><td>学习任务</td><td colspan="2"></td><td>学时</td><td></td></tr>
<tr><td>工作过程描述</td><td colspan="4"></td></tr>
<tr><td>计划制定方式</td><td colspan="4"></td></tr>
<tr><td>序号</td><td colspan="2">工作步骤</td><td colspan="2">注意事项</td></tr>
<tr><td></td><td colspan="2"></td><td colspan="2"></td></tr>
<tr><td></td><td colspan="2"></td><td colspan="2"></td></tr>
<tr><td></td><td colspan="2"></td><td colspan="2"></td></tr>
<tr><td></td><td colspan="2"></td><td colspan="2"></td></tr>
<tr><td></td><td colspan="2"></td><td colspan="2"></td></tr>
<tr><td></td><td colspan="2"></td><td colspan="2"></td></tr>
<tr><td></td><td colspan="2"></td><td colspan="2"></td></tr>
<tr><td></td><td colspan="2"></td><td colspan="2"></td></tr>
<tr><td rowspan="3">计划评价</td><td>班级</td><td></td><td>第____组</td><td></td></tr>
<tr><td>教师签字</td><td></td><td>日期</td><td></td></tr>
<tr><td colspan="4">评语：</td></tr>
</table>

表 4 **决策单**

<table>
<tr><td colspan="2">实训名称</td><td colspan="4"></td></tr>
<tr><td colspan="2">学习任务</td><td colspan="2"></td><td>学时</td><td></td></tr>
<tr><td colspan="2">工作过程描述</td><td colspan="4"></td></tr>
<tr><td colspan="6">计划对比</td></tr>
<tr><td>序号</td><td>计划的可行性</td><td>计划的经济性</td><td>计划的可操作性</td><td>计划的实施难度</td><td>综合评价</td></tr>
<tr><td></td><td></td><td></td><td></td><td></td><td></td></tr>
<tr><td></td><td></td><td></td><td></td><td></td><td></td></tr>
<tr><td></td><td></td><td></td><td></td><td></td><td></td></tr>
<tr><td></td><td></td><td></td><td></td><td></td><td></td></tr>
<tr><td></td><td></td><td></td><td></td><td></td><td></td></tr>
<tr><td></td><td></td><td></td><td></td><td></td><td></td></tr>
<tr><td></td><td></td><td></td><td></td><td></td><td></td></tr>
<tr><td rowspan="4">决策评价</td><td>班级</td><td></td><td>第____组</td><td>组长签字</td><td></td></tr>
<tr><td>组员签字</td><td colspan="4"></td></tr>
<tr><td>教师签字</td><td></td><td>日期</td><td colspan="2"></td></tr>
<tr><td colspan="5">评语：</td></tr>
</table>

表 5　　　　　　　　　　　实施单

<table>
<tr><td>实训名称</td><td colspan="5"></td></tr>
<tr><td>学习任务</td><td colspan="3"></td><td>学时</td><td></td></tr>
<tr><td>工作过程描述</td><td colspan="5"></td></tr>
<tr><td>序号</td><td colspan="3">实施步骤</td><td colspan="2">注意事项</td></tr>
<tr><td></td><td colspan="3"></td><td colspan="2"></td></tr>
<tr><td></td><td colspan="3"></td><td colspan="2"></td></tr>
<tr><td></td><td colspan="3"></td><td colspan="2"></td></tr>
<tr><td></td><td colspan="3"></td><td colspan="2"></td></tr>
<tr><td></td><td colspan="3"></td><td colspan="2"></td></tr>
<tr><td></td><td colspan="3"></td><td colspan="2"></td></tr>
<tr><td></td><td colspan="3"></td><td colspan="2"></td></tr>
<tr><td></td><td colspan="3"></td><td colspan="2"></td></tr>
<tr><td colspan="6">实施说明：</td></tr>
<tr><td rowspan="4">实施评价</td><td>班级</td><td></td><td>第____组</td><td>组长签字</td><td></td></tr>
<tr><td>组员签字</td><td colspan="4"></td></tr>
<tr><td>教师签字</td><td></td><td>日期</td><td colspan="2"></td></tr>
<tr><td colspan="5">评语：</td></tr>
</table>

表 6　　检查单

<table>
<tr><td>实训名称</td><td colspan="6"></td></tr>
<tr><td>学习任务</td><td colspan="3"></td><td colspan="2">学时</td><td></td></tr>
<tr><td>工作过程描述</td><td colspan="6"></td></tr>
<tr><td>序号</td><td>检查项目</td><td colspan="2">检查标准</td><td colspan="2">学生自查</td><td>教师检查</td></tr>
<tr><td></td><td></td><td colspan="2"></td><td colspan="2"></td><td></td></tr>
<tr><td></td><td></td><td colspan="2"></td><td colspan="2"></td><td></td></tr>
<tr><td></td><td></td><td colspan="2"></td><td colspan="2"></td><td></td></tr>
<tr><td></td><td></td><td colspan="2"></td><td colspan="2"></td><td></td></tr>
<tr><td></td><td></td><td colspan="2"></td><td colspan="2"></td><td></td></tr>
<tr><td></td><td></td><td colspan="2"></td><td colspan="2"></td><td></td></tr>
<tr><td></td><td></td><td colspan="2"></td><td colspan="2"></td><td></td></tr>
<tr><td></td><td></td><td colspan="2"></td><td colspan="2"></td><td></td></tr>
<tr><td></td><td></td><td colspan="2"></td><td colspan="2"></td><td></td></tr>
<tr><td rowspan="4">检查评价</td><td>班级</td><td></td><td>第____组</td><td>组长签字</td><td colspan="2"></td></tr>
<tr><td>组员签字</td><td colspan="5"></td></tr>
<tr><td>教师签字</td><td></td><td>日期</td><td colspan="3"></td></tr>
<tr><td colspan="6">评语：</td></tr>
</table>

表 7　　评价单

<table>
<tr><td>实训名称</td><td colspan="5"></td></tr>
<tr><td>学习任务</td><td colspan="3"></td><td>学时</td><td></td></tr>
<tr><td>工作过程描述</td><td colspan="5"></td></tr>
<tr><td>评价项目</td><td colspan="2">评价子项目</td><td>学生自评</td><td>组内评价</td><td>教师评价</td></tr>
<tr><td></td><td colspan="2">1. 资讯____分　2. 计划____分
3. 决策____分　4. 实施____分
5. 检查____分　6. 评价____分</td><td></td><td></td><td></td></tr>
<tr><td></td><td colspan="2">1. 资讯____分　2. 计划____分
3. 决策____分　4. 实施____分
5. 检查____分　6. 评价____分</td><td></td><td></td><td></td></tr>
<tr><td></td><td colspan="2">1. 资讯____分　2. 计划____分
3. 决策____分　4. 实施____分
5. 检查____分　6. 评价____分</td><td></td><td></td><td></td></tr>
<tr><td></td><td colspan="2">1. 资讯____分　2. 计划____分
3. 决策____分　4. 实施____分
5. 检查____分　6. 评价____分</td><td></td><td></td><td></td></tr>
<tr><td rowspan="4">评价</td><td>班级</td><td></td><td>第____组</td><td>组长签字</td><td></td></tr>
<tr><td>组员签字</td><td colspan="4"></td></tr>
<tr><td>教师签字</td><td></td><td>日期</td><td colspan="2"></td></tr>
<tr><td colspan="5">评语：</td></tr>
</table>

工作任务单 2

请挑选项目 2 实战演练中任意实训填写工作任务单 2。

表 1 任务单

<table>
<tr><td>实训名称</td><td colspan="6"></td></tr>
<tr><td>学习任务</td><td colspan="4"></td><td>学时</td><td></td></tr>
<tr><td>工作过程描述</td><td colspan="6"></td></tr>
<tr><td>学习目标</td><td colspan="6"></td></tr>
<tr><td>任务描述</td><td colspan="6"></td></tr>
<tr><td>学时安排</td><td>资讯__学时</td><td>计划__学时</td><td>决策__学时</td><td>实施__学时</td><td>检查__学时</td><td>评价__学时</td></tr>
<tr><td>对学生的要求</td><td colspan="6"></td></tr>
<tr><td>参考资料</td><td colspan="6"></td></tr>
</table>

表 2　　资讯单

实训名称			
学习任务		学时	
工作过程描述			
搜集资讯方式			
资讯描述			
参考资料			

表 3　　　　计划单

<table>
<tr><td>实训名称</td><td colspan="4"></td></tr>
<tr><td>学习任务</td><td colspan="2"></td><td>学时</td><td></td></tr>
<tr><td>工作过程描述</td><td colspan="4"></td></tr>
<tr><td>计划制定方式</td><td colspan="4"></td></tr>
<tr><td>序号</td><td colspan="2">工作步骤</td><td colspan="2">注意事项</td></tr>
<tr><td></td><td colspan="2"></td><td colspan="2"></td></tr>
<tr><td></td><td colspan="2"></td><td colspan="2"></td></tr>
<tr><td></td><td colspan="2"></td><td colspan="2"></td></tr>
<tr><td></td><td colspan="2"></td><td colspan="2"></td></tr>
<tr><td></td><td colspan="2"></td><td colspan="2"></td></tr>
<tr><td></td><td colspan="2"></td><td colspan="2"></td></tr>
<tr><td></td><td colspan="2"></td><td colspan="2"></td></tr>
<tr><td></td><td colspan="2"></td><td colspan="2"></td></tr>
<tr><td rowspan="3">计划评价</td><td>班级</td><td></td><td>第____组</td><td></td></tr>
<tr><td>教师签字</td><td></td><td>日期</td><td></td></tr>
<tr><td colspan="4">评语：</td></tr>
</table>

表 4　　决策单

<table>
<tr><td>实训名称</td><td colspan="5"></td></tr>
<tr><td>学习任务</td><td colspan="3"></td><td>学时</td><td></td></tr>
<tr><td>工作过程描述</td><td colspan="5"></td></tr>
<tr><td colspan="6">计划对比</td></tr>
<tr><td>序号</td><td>计划的可行性</td><td>计划的经济性</td><td>计划的可操作性</td><td>计划的实施难度</td><td>综合评价</td></tr>
<tr><td></td><td></td><td></td><td></td><td></td><td></td></tr>
<tr><td></td><td></td><td></td><td></td><td></td><td></td></tr>
<tr><td></td><td></td><td></td><td></td><td></td><td></td></tr>
<tr><td></td><td></td><td></td><td></td><td></td><td></td></tr>
<tr><td></td><td></td><td></td><td></td><td></td><td></td></tr>
<tr><td></td><td></td><td></td><td></td><td></td><td></td></tr>
<tr><td></td><td></td><td></td><td></td><td></td><td></td></tr>
<tr><td rowspan="4">决策评价</td><td>班级</td><td></td><td>第____组</td><td>组长签字</td><td></td></tr>
<tr><td>组员签字</td><td colspan="4"></td></tr>
<tr><td>教师签字</td><td></td><td>日期</td><td colspan="2"></td></tr>
<tr><td colspan="5">评语：</td></tr>
</table>

表 5 **实施单**

<table>
<tr><td>实训名称</td><td colspan="5"></td></tr>
<tr><td>学习任务</td><td colspan="3"></td><td>学时</td><td></td></tr>
<tr><td>工作过程描述</td><td colspan="5"></td></tr>
<tr><td>序号</td><td colspan="3">实施步骤</td><td colspan="2">注意事项</td></tr>
<tr><td></td><td colspan="3"></td><td colspan="2"></td></tr>
<tr><td></td><td colspan="3"></td><td colspan="2"></td></tr>
<tr><td></td><td colspan="3"></td><td colspan="2"></td></tr>
<tr><td></td><td colspan="3"></td><td colspan="2"></td></tr>
<tr><td></td><td colspan="3"></td><td colspan="2"></td></tr>
<tr><td></td><td colspan="3"></td><td colspan="2"></td></tr>
<tr><td></td><td colspan="3"></td><td colspan="2"></td></tr>
<tr><td></td><td colspan="3"></td><td colspan="2"></td></tr>
<tr><td colspan="6">实施说明：</td></tr>
<tr><td rowspan="4">实施评价</td><td>班级</td><td></td><td>第____组</td><td>组长签字</td><td></td></tr>
<tr><td>组员签字</td><td colspan="4"></td></tr>
<tr><td>教师签字</td><td></td><td>日期</td><td colspan="2"></td></tr>
<tr><td colspan="5">评语：</td></tr>
</table>

表 6　　　　检查单

实训名称				
学习任务			学时	
工作过程描述				
序号	检查项目	检查标准	学生自查	教师检查
检查评价	班级	第____组	组长签字	
	组员签字			
	教师签字		日期	
	评语：			

表 7　　评价单

<table>
<tr><td>实训名称</td><td colspan="5"></td></tr>
<tr><td>学习任务</td><td colspan="3"></td><td>学时</td><td></td></tr>
<tr><td>工作过程描述</td><td colspan="5"></td></tr>
<tr><td>评价项目</td><td colspan="2">评价子项目</td><td>学生自评</td><td>组内评价</td><td>教师评价</td></tr>
<tr><td></td><td colspan="2">1. 资讯____分　2. 计划____分
3. 决策____分　4. 实施____分
5. 检查____分　6. 评价____分</td><td></td><td></td><td></td></tr>
<tr><td></td><td colspan="2">1. 资讯____分　2. 计划____分
3. 决策____分　4. 实施____分
5. 检查____分　6. 评价____分</td><td></td><td></td><td></td></tr>
<tr><td></td><td colspan="2">1. 资讯____分　2. 计划____分
3. 决策____分　4. 实施____分
5. 检查____分　6. 评价____分</td><td></td><td></td><td></td></tr>
<tr><td></td><td colspan="2">1. 资讯____分　2. 计划____分
3. 决策____分　4. 实施____分
5. 检查____分　6. 评价____分</td><td></td><td></td><td></td></tr>
<tr><td rowspan="4">评价</td><td>班级</td><td></td><td>第____组</td><td>组长签字</td><td></td></tr>
<tr><td>组员签字</td><td colspan="4"></td></tr>
<tr><td>教师签字</td><td></td><td>日期</td><td colspan="2"></td></tr>
<tr><td colspan="5">评语：</td></tr>
</table>

工作任务单 3

请挑选项目 3 实战演练中任意实训填写工作任务单 3。

表 1 任务单

<table>
<tr><td>实训名称</td><td colspan="6"></td></tr>
<tr><td>学习任务</td><td colspan="4"></td><td>学时</td><td></td></tr>
<tr><td>工作过程描述</td><td colspan="6"></td></tr>
<tr><td>学习目标</td><td colspan="6"></td></tr>
<tr><td>任务描述</td><td colspan="6"></td></tr>
<tr><td>学时安排</td><td>资讯__学时</td><td>计划__学时</td><td>决策__学时</td><td>实施__学时</td><td>检查__学时</td><td>评价__学时</td></tr>
<tr><td>对学生的要求</td><td colspan="6"></td></tr>
<tr><td>参考资料</td><td colspan="6"></td></tr>
</table>

表 2　　资讯单

实训名称			
学习任务		学时	
工作过程描述			
搜集资讯方式			
资讯描述			
参考资料			

表 3　　　　　　　　　　　计划单

<table>
<tr><td>实训名称</td><td colspan="4"></td></tr>
<tr><td>学习任务</td><td colspan="2"></td><td>学时</td><td></td></tr>
<tr><td>工作过程描述</td><td colspan="4"></td></tr>
<tr><td>计划制定方式</td><td colspan="4"></td></tr>
<tr><td>序号</td><td colspan="2">工作步骤</td><td colspan="2">注意事项</td></tr>
<tr><td></td><td colspan="2"></td><td colspan="2"></td></tr>
<tr><td></td><td colspan="2"></td><td colspan="2"></td></tr>
<tr><td></td><td colspan="2"></td><td colspan="2"></td></tr>
<tr><td></td><td colspan="2"></td><td colspan="2"></td></tr>
<tr><td></td><td colspan="2"></td><td colspan="2"></td></tr>
<tr><td></td><td colspan="2"></td><td colspan="2"></td></tr>
<tr><td></td><td colspan="2"></td><td colspan="2"></td></tr>
<tr><td></td><td colspan="2"></td><td colspan="2"></td></tr>
<tr><td rowspan="3">计划评价</td><td>班级</td><td></td><td>第____组</td><td></td></tr>
<tr><td>教师签字</td><td></td><td>日期</td><td></td></tr>
<tr><td colspan="4">评语：</td></tr>
</table>

表4 决策单

实训名称					
学习任务				学时	
工作过程描述					
计划对比					
序号	计划的可行性	计划的经济性	计划的可操作性	计划的实施难度	综合评价
决策评价	班级		第____组	组长签字	
	组员签字				
	教师签字		日期		
	评语：				

表 5 实施单

<table>
<tr><td>实训名称</td><td colspan="5"></td></tr>
<tr><td>学习任务</td><td colspan="3"></td><td>学时</td><td></td></tr>
<tr><td>工作过程描述</td><td colspan="5"></td></tr>
<tr><td>序号</td><td colspan="3">实施步骤</td><td colspan="2">注意事项</td></tr>
<tr><td></td><td colspan="3"></td><td colspan="2"></td></tr>
<tr><td></td><td colspan="3"></td><td colspan="2"></td></tr>
<tr><td></td><td colspan="3"></td><td colspan="2"></td></tr>
<tr><td></td><td colspan="3"></td><td colspan="2"></td></tr>
<tr><td></td><td colspan="3"></td><td colspan="2"></td></tr>
<tr><td></td><td colspan="3"></td><td colspan="2"></td></tr>
<tr><td></td><td colspan="3"></td><td colspan="2"></td></tr>
<tr><td></td><td colspan="3"></td><td colspan="2"></td></tr>
<tr><td colspan="6">实施说明:</td></tr>
<tr><td rowspan="4">实施评价</td><td>班级</td><td></td><td>第____组</td><td>组长签字</td><td></td></tr>
<tr><td>组员签字</td><td colspan="4"></td></tr>
<tr><td>教师签字</td><td></td><td>日期</td><td colspan="2"></td></tr>
<tr><td colspan="5">评语:</td></tr>
</table>

表 6　　　　　　　　　　　　检查单

<table>
<tr><td>实训名称</td><td colspan="7"></td></tr>
<tr><td>学习任务</td><td colspan="3"></td><td colspan="2">学时</td><td colspan="2"></td></tr>
<tr><td>工作过程描述</td><td colspan="7"></td></tr>
<tr><td>序号</td><td>检查项目</td><td colspan="2">检查标准</td><td colspan="3">学生自查</td><td>教师检查</td></tr>
<tr><td></td><td></td><td colspan="2"></td><td colspan="3"></td><td></td></tr>
<tr><td></td><td></td><td colspan="2"></td><td colspan="3"></td><td></td></tr>
<tr><td></td><td></td><td colspan="2"></td><td colspan="3"></td><td></td></tr>
<tr><td></td><td></td><td colspan="2"></td><td colspan="3"></td><td></td></tr>
<tr><td></td><td></td><td colspan="2"></td><td colspan="3"></td><td></td></tr>
<tr><td></td><td></td><td colspan="2"></td><td colspan="3"></td><td></td></tr>
<tr><td></td><td></td><td colspan="2"></td><td colspan="3"></td><td></td></tr>
<tr><td></td><td></td><td colspan="2"></td><td colspan="3"></td><td></td></tr>
<tr><td></td><td></td><td colspan="2"></td><td colspan="3"></td><td></td></tr>
<tr><td rowspan="4">检查评价</td><td>班级</td><td></td><td colspan="2">第____组</td><td colspan="2">组长签字</td><td></td></tr>
<tr><td>组员签字</td><td colspan="6"></td></tr>
<tr><td>教师签字</td><td></td><td colspan="2">日期</td><td colspan="3"></td></tr>
<tr><td colspan="7">评语：</td></tr>
</table>

表 7　　　　评价单

<table>
<tr><td>实训名称</td><td colspan="7"></td></tr>
<tr><td>学习任务</td><td colspan="3"></td><td colspan="2">学时</td><td colspan="2"></td></tr>
<tr><td>工作过程描述</td><td colspan="7"></td></tr>
<tr><td>评价项目</td><td colspan="2">评价子项目</td><td colspan="2">学生自评</td><td colspan="2">组内评价</td><td>教师评价</td></tr>
<tr><td></td><td colspan="2">1. 资讯____分　2. 计划____分
3. 决策____分　4. 实施____分
5. 检查____分　6. 评价____分</td><td colspan="2"></td><td colspan="2"></td><td></td></tr>
<tr><td></td><td colspan="2">1. 资讯____分　2. 计划____分
3. 决策____分　4. 实施____分
5. 检查____分　6. 评价____分</td><td colspan="2"></td><td colspan="2"></td><td></td></tr>
<tr><td></td><td colspan="2">1. 资讯____分　2. 计划____分
3. 决策____分　4. 实施____分
5. 检查____分　6. 评价____分</td><td colspan="2"></td><td colspan="2"></td><td></td></tr>
<tr><td></td><td colspan="2">1. 资讯____分　2. 计划____分
3. 决策____分　4. 实施____分
5. 检查____分　6. 评价____分</td><td colspan="2"></td><td colspan="2"></td><td></td></tr>
<tr><td rowspan="4">评价</td><td>班级</td><td></td><td colspan="2">第____组</td><td colspan="2">组长签字</td><td></td></tr>
<tr><td>组员签字</td><td colspan="6"></td></tr>
<tr><td>教师签字</td><td></td><td colspan="2">日期</td><td colspan="3"></td></tr>
<tr><td colspan="7">评语：</td></tr>
</table>

工作任务单 4

请挑选项目 4 实战演练中任意实训填写工作任务单 4。

表 1 **任务单**

实训名称						
学习任务					学时	
工作过程描述						
学习目标						
任务描述						
学时安排	资讯__学时	计划__学时	决策__学时	实施__学时	检查__学时	评价__学时
对学生的要求						
参考资料						

表 2　　资讯单

实训名称			
学习任务		学时	
工作过程描述			
搜集资讯方式			
资讯描述			
参考资料			

表 3　　　　计划单

实训名称				
学习任务			学时	
工作过程描述				
计划制定方式				
序号	工作步骤		注意事项	
计划评价	班级		第____组	
	教师签字		日期	
	评语：			

表 4 决策单

<table>
<tr><td>实训名称</td><td colspan="5"></td></tr>
<tr><td>学习任务</td><td colspan="3"></td><td>学时</td><td></td></tr>
<tr><td>工作过程描述</td><td colspan="5"></td></tr>
<tr><td colspan="6">计划对比</td></tr>
<tr><td>序号</td><td>计划的可行性</td><td>计划的经济性</td><td>计划的可操作性</td><td>计划的实施难度</td><td>综合评价</td></tr>
<tr><td></td><td></td><td></td><td></td><td></td><td></td></tr>
<tr><td></td><td></td><td></td><td></td><td></td><td></td></tr>
<tr><td></td><td></td><td></td><td></td><td></td><td></td></tr>
<tr><td></td><td></td><td></td><td></td><td></td><td></td></tr>
<tr><td></td><td></td><td></td><td></td><td></td><td></td></tr>
<tr><td></td><td></td><td></td><td></td><td></td><td></td></tr>
<tr><td></td><td></td><td></td><td></td><td></td><td></td></tr>
<tr><td rowspan="4">决策评价</td><td>班级</td><td></td><td>第____组</td><td>组长签字</td><td></td></tr>
<tr><td>组员签字</td><td colspan="4"></td></tr>
<tr><td>教师签字</td><td></td><td>日期</td><td colspan="2"></td></tr>
<tr><td colspan="5">评语：</td></tr>
</table>

表 5 **实施单**

<table>
<tr><td>实训名称</td><td colspan="5"></td></tr>
<tr><td>学习任务</td><td colspan="3"></td><td>学时</td><td></td></tr>
<tr><td>工作过程描述</td><td colspan="5"></td></tr>
<tr><td>序号</td><td colspan="3">实施步骤</td><td colspan="2">注意事项</td></tr>
<tr><td></td><td colspan="3"></td><td colspan="2"></td></tr>
<tr><td></td><td colspan="3"></td><td colspan="2"></td></tr>
<tr><td></td><td colspan="3"></td><td colspan="2"></td></tr>
<tr><td></td><td colspan="3"></td><td colspan="2"></td></tr>
<tr><td></td><td colspan="3"></td><td colspan="2"></td></tr>
<tr><td></td><td colspan="3"></td><td colspan="2"></td></tr>
<tr><td></td><td colspan="3"></td><td colspan="2"></td></tr>
<tr><td></td><td colspan="3"></td><td colspan="2"></td></tr>
<tr><td colspan="6">实施说明：</td></tr>
<tr><td rowspan="4">实施评价</td><td>班级</td><td></td><td>第____组</td><td>组长签字</td><td></td></tr>
<tr><td>组员签字</td><td colspan="4"></td></tr>
<tr><td>教师签字</td><td></td><td>日期</td><td colspan="2"></td></tr>
<tr><td colspan="5">评语：</td></tr>
</table>

表 6　　检查单

实训名称				
学习任务			学时	
工作过程描述				
序号	检查项目	检查标准	学生自查	教师检查

检查评价	班级		第____组	组长签字	
	组员签字				
	教师签字		日期		
	评语：				

表 7 评价单

<table>
<tr><td>实训名称</td><td colspan="5"></td></tr>
<tr><td>学习任务</td><td colspan="2"></td><td colspan="2">学时</td><td></td></tr>
<tr><td>工作过程描述</td><td colspan="5"></td></tr>
<tr><td>评价项目</td><td colspan="2">评价子项目</td><td>学生自评</td><td>组内评价</td><td>教师评价</td></tr>
<tr><td></td><td colspan="2">1. 资讯____分 2. 计划____分
3. 决策____分 4. 实施____分
5. 检查____分 6. 评价____分</td><td></td><td></td><td></td></tr>
<tr><td></td><td colspan="2">1. 资讯____分 2. 计划____分
3. 决策____分 4. 实施____分
5. 检查____分 6. 评价____分</td><td></td><td></td><td></td></tr>
<tr><td></td><td colspan="2">1. 资讯____分 2. 计划____分
3. 决策____分 4. 实施____分
5. 检查____分 6. 评价____分</td><td></td><td></td><td></td></tr>
<tr><td></td><td colspan="2">1. 资讯____分 2. 计划____分
3. 决策____分 4. 实施____分
5. 检查____分 6. 评价____分</td><td></td><td></td><td></td></tr>
<tr><td rowspan="4">评价</td><td>班级</td><td></td><td>第____组</td><td>组长签字</td><td></td></tr>
<tr><td>组员签字</td><td colspan="4"></td></tr>
<tr><td>教师签字</td><td colspan="2"></td><td>日期</td><td></td></tr>
<tr><td colspan="5">评语：</td></tr>
</table>

工作任务单 5

请挑选项目 5 实战演练中任意实训填写工作任务单 5。

表 1　　　　**任务单**

<table>
<tr><td>实训名称</td><td colspan="6"></td></tr>
<tr><td>学习任务</td><td colspan="4"></td><td>学时</td><td></td></tr>
<tr><td>工作过程描述</td><td colspan="6"></td></tr>
<tr><td>学习目标</td><td colspan="6"></td></tr>
<tr><td>任务描述</td><td colspan="6"></td></tr>
<tr><td>学时安排</td><td>资讯__学时</td><td>计划__学时</td><td>决策__学时</td><td>实施__学时</td><td>检查__学时</td><td>评价__学时</td></tr>
<tr><td>对学生的要求</td><td colspan="6"></td></tr>
<tr><td>参考资料</td><td colspan="6"></td></tr>
</table>

表 2 **资讯单**

实训名称			
学习任务		学时	
工作过程描述			
搜集资讯方式			
资讯描述			
参考资料			

表 3　　　　　　　　　　　　　　　　计划单

<table>
<tr><td>实训名称</td><td colspan="4"></td></tr>
<tr><td>学习任务</td><td colspan="2"></td><td>学时</td><td></td></tr>
<tr><td>工作过程描述</td><td colspan="4"></td></tr>
<tr><td>计划制定方式</td><td colspan="4"></td></tr>
<tr><td>序号</td><td colspan="2">工作步骤</td><td colspan="2">注意事项</td></tr>
<tr><td></td><td colspan="2"></td><td colspan="2"></td></tr>
<tr><td></td><td colspan="2"></td><td colspan="2"></td></tr>
<tr><td></td><td colspan="2"></td><td colspan="2"></td></tr>
<tr><td></td><td colspan="2"></td><td colspan="2"></td></tr>
<tr><td></td><td colspan="2"></td><td colspan="2"></td></tr>
<tr><td></td><td colspan="2"></td><td colspan="2"></td></tr>
<tr><td></td><td colspan="2"></td><td colspan="2"></td></tr>
<tr><td></td><td colspan="2"></td><td colspan="2"></td></tr>
<tr><td rowspan="3">计划评价</td><td>班级</td><td></td><td>第____组</td><td></td></tr>
<tr><td>教师签字</td><td></td><td>日期</td><td></td></tr>
<tr><td colspan="4">评语：</td></tr>
</table>

表 4 **决策单**

<table>
<tr><td>实训名称</td><td colspan="5"></td></tr>
<tr><td>学习任务</td><td colspan="3"></td><td>学时</td><td></td></tr>
<tr><td>工作过程描述</td><td colspan="5"></td></tr>
<tr><td colspan="6">计划对比</td></tr>
<tr><td>序号</td><td>计划的可行性</td><td>计划的经济性</td><td>计划的可操作性</td><td>计划的实施难度</td><td>综合评价</td></tr>
<tr><td></td><td></td><td></td><td></td><td></td><td></td></tr>
<tr><td></td><td></td><td></td><td></td><td></td><td></td></tr>
<tr><td></td><td></td><td></td><td></td><td></td><td></td></tr>
<tr><td></td><td></td><td></td><td></td><td></td><td></td></tr>
<tr><td></td><td></td><td></td><td></td><td></td><td></td></tr>
<tr><td></td><td></td><td></td><td></td><td></td><td></td></tr>
<tr><td></td><td></td><td></td><td></td><td></td><td></td></tr>
<tr><td rowspan="4">决策评价</td><td>班级</td><td></td><td>第____组</td><td>组长签字</td><td></td></tr>
<tr><td>组员签字</td><td colspan="4"></td></tr>
<tr><td>教师签字</td><td></td><td>日期</td><td colspan="2"></td></tr>
<tr><td colspan="5">评语：</td></tr>
</table>

表 5 实施单

<table>
<tr><td>实训名称</td><td colspan="5"></td></tr>
<tr><td>学习任务</td><td colspan="3"></td><td>学时</td><td></td></tr>
<tr><td>工作过程描述</td><td colspan="5"></td></tr>
<tr><td>序号</td><td colspan="3">实施步骤</td><td colspan="2">注意事项</td></tr>
<tr><td></td><td colspan="3"></td><td colspan="2"></td></tr>
<tr><td></td><td colspan="3"></td><td colspan="2"></td></tr>
<tr><td></td><td colspan="3"></td><td colspan="2"></td></tr>
<tr><td></td><td colspan="3"></td><td colspan="2"></td></tr>
<tr><td></td><td colspan="3"></td><td colspan="2"></td></tr>
<tr><td></td><td colspan="3"></td><td colspan="2"></td></tr>
<tr><td></td><td colspan="3"></td><td colspan="2"></td></tr>
<tr><td></td><td colspan="3"></td><td colspan="2"></td></tr>
<tr><td colspan="6">实施说明：</td></tr>
<tr><td rowspan="4">实施评价</td><td>班级</td><td></td><td>第____组</td><td>组长签字</td><td></td></tr>
<tr><td>组员签字</td><td colspan="4"></td></tr>
<tr><td>教师签字</td><td></td><td>日期</td><td colspan="2"></td></tr>
<tr><td colspan="5">评语：</td></tr>
</table>

表 6　　检查单

实训名称					
学习任务			学时		
工作过程描述					
序号	检查项目	检查标准		学生自查	教师检查
检查评价	班级		第____组	组长签字	
	组员签字				
	教师签字		日期		
	评语：				

表 7　　评价单

<table>
<tr><td>实训名称</td><td colspan="5"></td></tr>
<tr><td>学习任务</td><td colspan="3"></td><td>学时</td><td></td></tr>
<tr><td>工作过程描述</td><td colspan="5"></td></tr>
<tr><td>评价项目</td><td colspan="2">评价子项目</td><td>学生自评</td><td>组内评价</td><td>教师评价</td></tr>
<tr><td></td><td colspan="2">1. 资讯____分　2. 计划____分
3. 决策____分　4. 实施____分
5. 检查____分　6. 评价____分</td><td></td><td></td><td></td></tr>
<tr><td></td><td colspan="2">1. 资讯____分　2. 计划____分
3. 决策____分　4. 实施____分
5. 检查____分　6. 评价____分</td><td></td><td></td><td></td></tr>
<tr><td></td><td colspan="2">1. 资讯____分　2. 计划____分
3. 决策____分　4. 实施____分
5. 检查____分　6. 评价____分</td><td></td><td></td><td></td></tr>
<tr><td></td><td colspan="2">1. 资讯____分　2. 计划____分
3. 决策____分　4. 实施____分
5. 检查____分　6. 评价____分</td><td></td><td></td><td></td></tr>
<tr><td rowspan="4">评价</td><td>班级</td><td></td><td>第____组</td><td>组长签字</td><td></td></tr>
<tr><td>组员签字</td><td colspan="4"></td></tr>
<tr><td>教师签字</td><td></td><td>日期</td><td colspan="2"></td></tr>
<tr><td colspan="5">评语：</td></tr>
</table>

参考文献

[1] 董付国. Python 程序设计基础 [M]. 2 版. 北京:清华大学出版社,2016.
[2] 何敏煌. Python 程序设计入门到实践[M]. 2 版. 北京:清华大学出版社,2017.
[3] 嵩天. Python 语言程序设计基础[M]. 2 版. 北京:高等教育出版社,2017.
[4] 刘春茂,裴雨龙. Python 程序设计案例课堂[M]. 北京:清华大学出版社,2017.
[5] 王学军,胡畅霞,韩艳峰. Python 程序设计[M]. 北京:人民邮电出版社,2018.
[6] 范建农. Python 程序设计教程[M]. 北京:电子工业出版社,2018.
[7] 崔庆才. Python3 网络爬虫开发实战[M]. 北京:人民邮电出版社,2018.
[8] 戴歆,罗玉军. Python 开发基础[M]. 北京:人民邮电出版社,2019.
[9] 张健,张良均. Python 编程基础[M]. 北京:人民邮电出版社,2018.
[10] 唐松. Python 网络爬虫从入门到实践[M]. 北京:机械工业出版社,2019.
[11] 罗攀. 从零开始学 Python 网络爬虫[M]. 北京:机械工业出版社,2019.
[12] 齐文光. Python 网络爬虫实例教程[M]. 北京:人民邮电出版社,2019.
[13] 江吉彬,张良均. Python 网络爬虫技术[M]. 北京:人民邮电出版社,2019.
[14] 肖睿,陈磊. Python 网络爬虫 Scrapy 框架[M]. 北京:人民邮电出版社,2020.
[15] 明日科技. Python 项目开发案例集锦[M]. 吉林:吉林大学出版社,2019.